# CONSIDÉRATIONS

## SUR

# LES FRAIS D'ENTRETIEN

# DES ROUTES.

PARIS. — IMPRIMERIE DE FAIN ET THUNOT,
IMPRIMEURS DE L'UNIVERSITÉ ROYALE DE FRANCE.
Rue Racine, 28, près de l'Odéon.

# CONSIDÉRATIONS

SUR

# LES FRAIS D'ENTRETIEN

## DES ROUTES;

Par **J. DUPUIT**,

Ingénieur en chef des ponts et chaussées.

## PARIS.

CARILIAN-GOEURY et V^on DALMONT,

LIBRAIRES DES CORPS ROYAUX DES PONTS ET CHAUSSÉES ET DES MINES,

QUAI DES AUGUSTINS, Nᵒˢ 39 ET 41.

1842.

# AVANT-PROPOS.

———

Nous avons voulu, dans cet écrit, établir les bases rationnelles de l'évaluation des dépenses d'entretien des routes, de
manière que l'estimation pût en être faite tout aussi exactement
que celle qui précède l'exécution des travaux neufs.

Il nous a semblé qu'il y avait, dans cette partie du service des
ingénieurs, une lacune importante à combler, beaucoup moins
encore dans l'intérêt de l'art que dans celui des routes elles-
mêmes.

Lorsqu'on veut exécuter un pont, un canal, un chemin de
fer, une route, voici comment les choses se passent :

Un projet est rédigé ; il est toujours accompagné d'une estimation qui en détermine approximativement la dépense. On en
compare le chiffre avec les avantages qu'il doit procurer ; cet
examen fait ; le projet est rejeté ou adopté. Dans ce dernier cas,
on alloue toujours un crédit égal à l'estimation ; et si, dans le
cours de l'exécution, ce qui arrive souvent, des travaux impré-
vus amènent des augmentations de dépense, des crédits sup-
plémentaires sont alloués sans difficulté.

S'agit-il de la construction d'une route, par exemple? Une
estimation détaillée, accompagnée de nombreux métrés où tous
les chiffres peuvent se vérifier, fait connaître que la route demandera tant d'hectares de terrain qui coûteront,     francs.

| | |
|---|---:|
| par exemple. . . . . . . . . . . . . . . . . . . . | 200 000 |
| tant de mètres cubes de déblais. . . . . . . . . . . | 300 000 |
| tant de mètres cubes de pierres. . . . . . . . . . . | 500 000 |

que, par conséquent, la dépense totale s'élèvera à 1 000 000

Il n'est jamais arrivé que, l'exécution une fois votée, on
n'accordât pas le million porté à l'estimation. On n'a jamais dit

« Vous ferez la route estimée un million et vous n'aurez que 500 000 fr. » Il est bien arrivé quelquefois que l'état n'a pu, faute de fonds, accorder que 500 000 fr., mais alors on n'a fait que la moitié de la route, et personne ne s'est jamais avisé de s'en plaindre.

S'agit-il maintenant de l'entretien de cette même route? l'ingénieur demandera 100 000 fr.; l'administration en accordera 50 000. Et il demeure bien entendu qu'avec ces 50 000 fr. l'ingénieur devra entretenir la route entière en parfait état, faire en un mot tous les travaux qu'il avait estimés 100 000 fr.

Pourquoi cette différence entre l'exécution et l'entretien? selon nous, la voici : c'est que, comme nous venons de le dire, le projet d'exécution de la route était accompagné d'estimations, de métrés positifs, auxquels il n'y avait pas d'objection possible. Armée de ces pièces, l'administration a pu demander aux chambres les crédits nécessaires, et on n'a pas plus pu les lui refuser qu'elle ne pourra plus tard le faire aux ingénieurs qui les lui ont demandés. Pour l'entretien de la route, rien de semblable n'est fourni. L'ingénieur a demandé 100 000 fr., parce que jusqu'alors il n'en avait que 50 000, et que sa route est très-mauvaise; parce qu'il sait que sa demande sera réduite, et que l'administration ne peut lui accorder qu'une légère augmentation. Il n'hésiterait pas à en demander 150 000 s'il savait que l'administration pût lui en accorder 100 000. Celle-ci, en présence d'une demande aussi peu motivée, répond toujours par un crédit qui ne l'est pas davantage. Elle restreint la demande, parce qu'elle la croit exagérée, et parce que son budget se trouve limité. Le chiffre qu'elle présente aux chambres est toujours celui de l'année précédente : elle manque de renseignements nécessaires pour en justifier un autre.

Cet état de choses n'a rien qui doive surprendre; l'art d'entretenir les routes est d'hier ; il n'est pas étonnant qu'aujourd'hui on ne sache pas encore en calculer les dépenses. La première et la plus grande partie de notre travail sera même consacrée à combattre des erreurs qui se sont produites sur ce sujet avec toute l'autorité que donnent un mérite et des succès incontestables, précisément dans cette spécialité de l'entretien des routes. Il nous a paru qu'on pourrait puiser dans cette discussion les notions élémentaires de cet entretien, indispensables pour l'intelligence des principes que nous avions à établir, et qu'avant d'essayer de placer quelque chose sur ce terrain nous devions le débarrasser des erreurs qui commençaient déjà à y prendre racine et à se propager. Quoi qu'il en soit, si les ingénieurs ne sont pas d'accord, s'ils n'ont pas une méthode rationnelle d'évaluer les dépenses d'entretien, comment veut-on que l'administration, que le public les aient devancés? Cependant, dans un moment où la France se couvre de routes, où la loi appelle tout le monde à s'en occuper, où les dépenses de leur entretien se trouvent aujourd'hui discutées, non-seulement dans le sein des chambres et des conseils généraux, mais dans celui des conseils municipaux des 37 000 communes de France, il nous paraît indispensable que chacun puisse se faire une idée exacte et précise de leur importance suivant les diverses circonstances où se trouvent les routes. D'un autre côté, nous avons la conviction profonde qu'en persistant dans la voie dans laquelle on se trouve, les routes royales alimentées par des ressources à peu près constantes se perdront complétement sous une fatigue toujours croissante. Les symptômes de leur dépérissement sont évidents, et s'expliquent facilement pour tous ceux qui veulent bien les examiner sans prévention. Il est donc temps d'y porter remède et d'entrer dans une voie normale; il faut que la raison, la méthode, l'ordre enfin s'établissent dans cette partie du service public; il faut que les routes soient entretenues constamment bonnes; il faut leur allouer chaque année exactement ce qui est nécessaire pour arriver à ce résultat et n'avoir plus de ces fonds de grosses restaurations qui ne sont que la conséquence des grosses dégradations qu'on a laissées se produire; il faut que tout le monde soit bien convaincu que plus ces dépenses d'entretien sont considérables, plus il y a de bénéfice pour l'état, les départements, les communes, selon qu'il s'agit de routes royales, départementales ou vicinales. Nous ferons voir que ces dépenses ne font que subvenir à la consommation de matériaux faite par les voitures. Le cheval de roulage consomme, en passant sur une route, une certaine quantité de pierres, comme le cheval-vapeur de la locomotive une certaine quantité de charbon de terre sur le chemin de fer.

Or, il nous semble que si le directeur d'une compagnie de chemin de fer venait dire à ses actionnaires : « vous aviez voté l'année dernière un approvisionnement de vingt millions de charbon pour le chauffage des locomotives ; les transports ont été si nombreux que nous avons dépassé les crédits ; nous avons consommé tous les anciens approvisionnements, et nous portons au budget une somme de vingt-cinq millions, avec l'espoir qu'elle sera insuffisante. »

Il nous semble, disons-nous, qu'une pareille déclaration serait reçue avec des marques non équivoques de satisfaction, que chacun applaudirait à l'habileté de l'administrateur, que personne ne s'inquiéterait, ni de cet excédant de dépense, ni des moyens d'y pourvoir. Tout le monde saurait parfaitement se rendre compte que, les bénéfices de la compagnie étant proportionnels à la quantité de transports, cette augmentation de dépense a pour conséquence immédiate et certaine une augmentation bien plus considérable dans les recettes. Si, au contraire, on venait dire que la somme annuellement votée pour charbon de terre est trop considérable ; que les magasins s'encombrent de plus en plus ; que, par conséquent, cet article des frais d'exploitation peut être réduit de quelques millions, certes personne ne se féliciterait de cette économie et n'y verrait autre chose, que l'annonce d'une diminution de dividende. Or, la dépense en matériaux sur les routes joue le même rôle que celle du charbon de terre sur les chemins de fer. Plus elle est considérable, plus il y a de profit pour l'état, cette grande compagnie dont nous sommes tous actionnaires.

Nous avons cherché à mettre en évidence ces considérations d'économie politique, à la fin de notre travail, et nous serions heureux qu'elles pussent produire quelque impression sur les personnes que la législation appelle à subvenir aux frais d'entretien des routes.

# CONSIDÉRATIONS

## SUR LES FRAIS

# D'ENTRETIEN DES ROUTES.

**1^re PARTIE.** — *Examen des résultats économiques des divers systèmes d'entretien.*

Il s'est publié récemment plusieurs ouvrages sur l'entretien des routes ; les Annales des ponts et chaussées ont accueilli quelques articles sur le même sujet, où parmi d'excellentes méthodes et des observations pleines de justesse, on remarque avec peine des erreurs d'autant plus graves qu'elles paraissent justifiées par des chiffres officiels, et, ce qui est plus séduisant encore, par des résultats aussi heureux qu'incontestables. Je crois que dans l'intérêt même du succès de ces systèmes, il importe de les dégager de ces erreurs, qui ôtent bien peu au mérite de ceux qui les premiers ont mis ces modes d'entretien en pratique, mais qui nuisent singulièrement à leur propagation, et vont par conséquent tout à fait contre le but des inventeurs. Ces erreurs sont relatives aux dépenses que nécessite l'emploi de ces nouvelles méthodes.

A en juger par les résultats, il semble que de toutes les

parties de l'art de l'ingénieur, la plus difficile soit l'évaluation des dépenses ; car il n'y en a pas sur lesquelles on ait éprouvé plus de mécomptes. Cependant pour les travaux d'art, il y a des bases fixes, des méthodes de calcul d'une rigueur mathématique. Rien de semblable n'existe pour l'évaluation de l'entretien des routes : les premières données, les éléments les plus indispensables manquent. On agit à peu près au hasard ; il n'est donc pas étonnant qu'on se soit fait complétement illusion sur un sujet aussi neuf.

On a cité des évaluations d'entretien faites à diverses époques par des ingénieurs d'un mérite incontestable. Ces estimations, depuis 1793 jusqu'en 1840, descendent successivement, pour les routes de la Sarthe, de 382 000 à 166 000 fr. (*). On aurait pu rendre cette différence encore plus saillante, en faisant observer que l'estimation de 1793 repose sur des prix de matériaux et de main-d'œuvre bien inférieurs à ceux d'aujourd'hui, et correspond à une fréquentation encore beaucoup moindre. Il n'y a pas d'ingénieur qui en fouillant dans ses archives ne puisse trouver des faits analogues ; cela ne prouve qu'une chose, c'est qu'en 1793 on n'avait aucune idée des bases sur lesquelles doit reposer l'évaluation des dépenses d'entretien des routes, et peut-être n'est-on guère plus avancé en 1841.

L'art de construire les routes est fort ancien, mais celui de les entretenir est tout nouveau. Pour qu'il se produisît, il a fallu qu'il y eût sur les routes une fréquentation journalière, active, et de voitures pesamment chargées. Or, cette fréquentation, ces progrès de l'industrie des transports sont des faits si récents, qu'il ne serait pas besoin pour les constater de consulter autre chose que des souvenirs. Sur les points exceptionnels où le besoin de communica-

---

(*) *Vues générales sur l'entretien des routes.* Le Mans, 1840.

tion se faisait plus vivement sentir, on établissait des routes pavées et, encore il faut le dire, le choix de ces directions se trouvait déterminé beaucoup plus par les intérêts militaires ou politiques que par ceux du commerce. On s'est arrêté dans l'évaluation que nous venons de citer à 1793 ; en remontant plus haut, on aurait pu trouver des évaluations plus bizarres, des évaluations en paroisse ; on disait : pour entretenir telle route il faut tant de paroisses ; elle est mauvaise parce qu'elle manque de paroisses, etc. Il est bien évident qu'on n'a pu se rendre un peu compte de ce que c'était que l'entretien des routes, qu'à partir de la suppression des corvées. Mais si on consulte les mémoires, les rapports des ingénieurs du temps, on reconnaîtra que les routes et leur entretien sont toujours assimilés aux travaux d'art, aux ponts, aux canaux. On parle continuellement des dégradations causées par les pluies de l'hiver, par des accidents de diverses natures, et on fait consister l'entretien dans le rétablissement du profil de la chaussée, de ses accotements et de ses fossés. C'est là l'idée qui domine dans tous les écrits et qui s'est reproduite pendant longtemps dans les instructions de l'administration. Lorsque les chaussées sont mauvaises, ces ornières profondes qui les sillonnent, ces fondrières qui se forment sur certains points sont en effet les dégradations qui frappent le plus les yeux, et il semble que leur réparation soit le point capital de l'entretien. Mais il est évident que ce travail échappe à toute évaluation tant soit peu rigoureuse : il dépend en effet de circonstances trop éventuelles, trop variables pour entrer dans les calculs.

Depuis que l'art de l'entretien des routes a fait des progrès tels, qu'on peut arriver à ce point, par une main-d'œuvre vigilante et bien dirigée, de n'avoir plus ni ornières, ni frayés, ni boue, ni poussière ; que les dégradations ne consistent plus que dans quelques flaches auxquelles on n'eût pas fait attention autrefois, les dépenses de cet entretien normal reposent sur des bases certaines, fixes, qu'on peut évaluer beaucoup plus rigoureusement que celles des autres travaux. Oter de la boue et de la poussière, les remplacer par des matériaux, le tout dans certaines circonstances et avec certains procédés (dont nous ne nous occuperons pas ici, parce que nous les croyons suffisamment décrits ailleurs), voilà à quoi se borne à peu près l'entretien des routes. Ainsi l'usure des chaussées est, dans un bon système d'entretien, le seul résultat du passage des voitures, mais résultat inévitable et auquel il faut par conséquent se résigner. L'ingénieur chargé de bien entretenir une route n'est pas plus le maître d'empêcher ou d'arrêter cette usure que le roulier qui conduit la voiture, ne l'est d'arrêter et d'empêcher celle des bandes des roues et des fers des chevaux. Après un parcours plus ou moins long la chaussée, par suite du frottement, a fait perdre à ces bandes, à ces fers, une certaine partie de leur poids, et a perdu elle-même une quantité de matière beaucoup plus considérable qui s'est détachée sous forme de boue ou de poussière. L'entretien des routes prend ainsi le caractère de *consommation*, et se trouve par là clairement distingué de celui des travaux d'art. Il ne s'agit plus de réparer des avaries accidentelles, occasionnées par la pluie ou la gelée, et qu'une construction plus solide aurait pu souvent prévenir : il s'agit d'alimenter une consommation régulière, journalière et inévitable. C'est sur l'évaluation de cette consommation qu'ont été commises les erreurs que nous signalions au commencement de ce mémoire. Elle est en effet assez lente sur les routes peu fréquentées pour qu'elle puisse échapper pendant longtemps à l'attention du public, et pour l'apprécier il faut avoir recours à des expériences spéciales que nous indiquerons tout à l'heure.

Mais auparavant, nous croyons devoir examiner plus en détail ce que peut être l'entretien des chaussées d'empierrement dans les diverses situations où elles peuvent se trouver, et d'abord, comme limite, nous considérerons les routes en terrain naturel, état qui est encore celui du plus grand nombre des chemins vicinaux de France.

Le terrrain naturel ne s'use pas, c'est-à-dire que la surface ne change pas de nature ; elle reste toujours un composé de parties de matières fort ténues, mais qui présente des états de solidité très-différents suivant sa composition et les intempéries des saisons. Par des temps secs, certains terrains naturels se comportent d'une manière tout à fait comparable à celle des chaussées les plus solides, et les voitures y circulent facilement. Si le temps sec se prolonge, le passage des voitures y produit le même effet que sur les routes, mais bien plus rapidement. Le terrain naturel se couvre de poussière de plus en plus épaisse, en restant cependant toujours viable ; dès que la pluie survient en plus ou moins grande abondance, cette poussière et même la partie solide du terrain se réduisent en boue, cèdent sous le poids des voitures qui y tracent de profondes ornières, et les chemins deviennent impraticables. Mais cette pâte est susceptible de reprendre de la consistance en séchant, et si elle a été remaniée à propos, on peut y retrouver la route solide qu'on avait auparavant ; c'est ainsi qu'on parvient à tirer parti de ces chemins sans employer de matériaux. Dans ce système d'entretien, les dépenses dépendent à un haut degré des qualités du sol, des intempéries des saisons ; mais avec certains terrains, avec certaine fréquentation il est impossible d'y maintenir une viabilité continue avec de la main-d'œuvre seule.

Il n'avait échappé à personne que les chemins situés sur des terrains pierreux se comportaient beaucoup mieux que les autres; le tirage y était plus facile et ils restaient plus longtemps praticables à l'époque des mauvaises saisons. L'idée de créer ces terrains là où ils n'existaient pas, était donc toute naturelle; mais on se trompa complétement sur la nature de résistance que devait présenter la construction de la chaussée. Le mal qu'on voulait prévenir ou arrêter, était les ornières, produites, du moins on le croyait, par l'enfoncement des voitures sur un sol peu résistant; on fit alors des chaussées épaisses et avec une fondation de grosses pierres destinée à porter le poids des plus lourds chariots. De là ces chaussées romaines, dont on ne parlait autrefois qu'avec l'épithète d'admirables, et qu'on a imitées si long-temps. Le seul résultat obtenu par ce système fut, non pas d'avoir de bonnes routes, mais des routes toujours viables pour les voitures qui pouvaient résister aux cahots produits par les grosses pierres de la fondation, car c'était là que l'ornière devait s'arrêter ordinairement; mais elle allait quelquefois plus loin, comme on le verra dans une citation que nous ferons tout à l'heure. Quoi qu'il en soit, il est certain qu'on ne put pas arriver à trouver un système de construction assez solide pour résister indéfiniment à l'action des voitures et pour offrir par cela même une route unie.

Ces chaussées étaient pendant l'hiver sillonnées d'ornières profondes. De temps en temps les ateliers qui parcouraient la route rabattaient les bourrelets ou comblaient les ornières avec de la pierre, quand ils en avaient à leur disposition. La main-d'œuvre ne suffisait pas toujours à ce travail; il en résultait alors des désordres graves : les ornières devenaient des espèces de fossés remplis d'eau qu'on faisait couler par des saignées transversales, saignées qui, d'après les instructions, devaient être *adroitement ménagées*, mais qui, pour remplir leur destination, devaient avoir la profondeur de l'ornière (1). On se fera d'autant facilement une idée de l'aspect que les routes présentaient alors, que chacun peut en avoir vu ou peut même encore en voir quelques exemples. Le printemps arrivait et on commençait un rabattage général à l'aide d'ateliers nombreux qui parcouraient les routes depuis un bout jusqu'à l'autre. Que dépensait-on en pierre ? Que dépensait-on en main-d'œuvre dans ce système ? On n'en savait évidemment rien. Plus les routes étaient mauvaises, plus il y avait d'ornières, plus on demandait de matériaux. On recommandait de ne pas en mettre *dans les pentes qui se maintenaient bonnes toutes seules, pour en avoir davantage dans les fonds toujours plus mauvais.* On recommandait surtout de faire écouler les eaux, de bomber les chaussées, de donner de la pente aux accotements. Enfin, on trouvait que les chaussées n'étaient pas assez solides, et que les voitures étaient trop pesantes. Le mémoire de Trésaguet est, je crois, le premier écrit où se trouve l'idée que le soin et l'entretien journalier sont beaucoup plus puissants pour empêcher et arrêter les ornières que les chaussées solides et épaisses. Aussi propose-t-il de notables réductions sur les épaisseurs employées jusqu'alors ; mais cet ingénieur ne fait consister l'entretien que dans la réparation des dégradations qui sont toujours considérées comme des accidents éventuels et échappent par conséquent à toute prévision. Ainsi je ne crois pas que cet ingénieur, quoiqu'il ait fait faire un progrès incontestable à l'art de l'entretien, se soit rendu compte des dépenses qu'il exige et des diverses circonstances qui peuvent en faire varier le chiffre. Je crois même trouver dans son mémoire l'origine d'une erreur qui depuis a pris beaucoup de développement. On y lit en effet les phrases suivantes : *qu'il en coûte peu*

---

(1) Il résulte du mémoire de Trésaguet, que les riverains considéraient les ornières comme des espèces de cours d'eau naturels, et qu'ils y embranchaient des rigoles pour conduire les eaux dans leurs héritages.

*pour réparer une route journellement, à mesure que les dégradations commencent à se former. . . . . . Le service de l'entretien étant ainsi organisé avec soin, l'entretien des routes se fera très-exactement et au meilleur marché.*

Mac-Adam alla plus loin que Trésaguet dans l'art de construire les chaussées; il fit voir que leur qualité essentielle ne devait pas être la solidité, que le terrain naturel sec était toujours assez solide pour porter une voiture, que la chaussée n'était qu'une espèce de *toit* ou de couverture dont le mérite devait être la dureté et l'uni de la surface. Il signala l'inconvénient des chaussées bombées, comme cause déterminante de la formation des ornières, parce que les voitures ne peuvent suivre qu'une même piste. Mais il nous semble, et on l'a dit avant nous, que cet ingénieur s'est plutôt occupé de la construction des routes neuves et de la restauration de celles qui étaient mauvaises, que de l'entretien des bonnes routes. Sans doute quelques-uns des principes qu'il avait proclamés pour la construction et la réparation, appliqués à l'entretien ont dû y produire des améliorations sensibles; mais delà à une méthode complète, rationnelle, il y a loin encore. Quant aux dépenses, à la consommation de matériaux et de main-d'œuvre, les notions qu'on trouve dans les écrits de Mac-Adam sont vagues et souvent fausses. Ainsi, il ne se contente pas de prouver que les fondations des routes sont inutiles; mais il prétend encore qu'elles sont nuisibles; que, par exemple, les parties de route sur marais sont beaucoup plus durables que celles sur rocher (2). Je vais d'ailleurs transcrire ici quelques extraits de ses écrits ou interrogatoires dans les commissions d'enquête, et qui ont trait à l'usure et aux dépenses :

« J'ai trouvé généralement que les pieds des chevaux

---

(2) Il va sans dire qu'on suppose sur le rocher ou sur la fondation une couche de menus matériaux suffisamment épaisse.

font un très-grand mal à la surface des routes bien faites ; et je suis d'opinion qu'une voiture avec des roues convenablement construites fait moins de mal à la route que les chevaux qui la tirent.

» . . . . Les roues usent à un certain degré les matériaux ; mais sur une route bien construite qui s'est consolidée et dont la surface est unie , cette usure est très-petite et graduelle.

» . . . . Je pense que dans la méthode que je viens de décrire , les frais , y compris les appointements du nouvel inspecteur , ont été moins élevés que pendant les années précédentes.

» . . . . La route entre Bridgewater et Cross , dans le comté de Sommerset , est presque toute établie sur un marais qui a si peu de consistance que le passage d'une voiture agite l'eau des fossés de chaque côté ; et après une légère gelée la vibration causée à l'eau par la voiture suffit pour rompre la glace. La partie qui traverse le marais a environ 7 milles de longueur ; plus loin , et immédiatement après , le fond de la route est un rocher calcaire sur 5 ou 6 milles de longueur. Voulant connaître la détérioration pratique , j'ai fait un relevé très-exact des dépenses ; il en résulte que la quantité de matériaux nécessaire à l'entretien d'une route à fondation molle et à fondation dure est dans le rapport de 5 à 7. »

Dans un interrogatoire du fils de Mac-Adam on trouve :

« *D*. Pouvez-vous indiquer quelle sera , comparativement à l'ancien système , la dépense d'entretien lorsque les routes auront été mises en bon état ?

» *R*. Je pense qu'il en résultera une grande économie , parce que la meilleure route est celle qui se dégrade le moins ; il faudra une moins grande quantité de matériaux quand ils seront bien préparés , que lorsqu'on les portait sur la route sans être passés ou nettoyés.

« *D*. Il paraîtrait par votre réponse à une précédente

question que la diminution de la dépense en matériaux dût être attribuée à l'emploi que vous avez fait des anciens matériaux des routes ; ne pensez-vous pas que les dépenses en matériaux augmenteront proportionnellement, lorsque vous n'aurez plus cette ressource, et lorsque vous serez obligé d'employer des matériaux neufs ?

» *R*. Cela est vrai jusqu'à un certain point. »

Ainsi, on doit le remarquer, chaque amélioration de l'entretien des routes n'a été apportée qu'avec une prétention bien ou mal fondée à l'économie dans les dépenses. Trésaguet ne s'est pas borné à dire que les soins journaliers donnaient des routes plus belles, mais aussi des routes à meilleur marché. Mac-Adam n'a pas dit seulement que les soins apportés à la préparation et au cassage des matériaux amélioraient les routes, mais qu'ils diminuaient considérablement l'usure. Au reste, toutes ces économies jusqu'à présent n'ont été évaluées qu'approximativement. La demande que nous venons de transcrire méritait une réponse plus précise, et nous sommes étonné que les commissaires enquêteurs s'en soient contentés. Le fils de Mac-Adam aurait dû dire, combien il usait de pierres et combien il usait de main-d'œuvre sur telle route restaurée dont la fréquentation et la qualité des matériaux étaient connues.

Au reste, le système de Mac-Adam éprouva de vives contradictions, même dans son pays, et je crois devoir citer ici quelques passages d'une brochure de Benjamin Vingrove, inspecteur général des routes à péage de Bath.

« On avait pensé jusqu'ici que l'arrangement d'une bonne fondation était la partie essentielle de l'art de construire les routes, et les ingénieurs employés depuis un siècle ont confirmé par leur expérience cette méthode dictée par la raison : aussi on aurait traité de présomptueux, d'ignorants, d'hommes spéculatifs et à théorie ceux qui auraient émis l'opinion contraire. Mais dans ce siècle de charlatanisme, l'expérience, la raison, les lois même de la physique, tout doit céder à l'empire de la mode ; on ose proclamer que si une chaussée est unie et solide, sa base, qu'elle soit d'argile ou de vase, ne sera pas plus comprimée par l'action du roulage, et qu'une route bien faite est une masse solide ou un corps lié dans ses parties comme une pièce de bois.

» Je demanderai par quel principe de physique on peut expliquer que des pierres même calcaires, cassées en petits morceaux du poids de six onces chacune, puissent s'unir, s'agglomérer et faire sans addition de substances étrangères un tout solide comme une pièce de bois.

» M. Mac-Adam rejette comme inutile tout agent chimique et prétend que l'arrangement mécanique suffit pour former une masse compacte ferme et capable de supporter un poids indéfini. Mais admettons cette supposition, il n'en est pas moins douteux qu'une chaussée sans fondement, sans bordures ou culées, et d'une épaisseur réduite, puisse garantir le fond d'argile ou de sable de l'action puissante des voitures, qui détruit les routes les plus solides. Comme en pareille matière des faits ont plus de poids que des raisonnements, je citerai, pour combattre la doctrine monstrueuse que nous examinons, l'exemple suivant, trop connu pour être révoqué en doute.

» . . . . . Les routes à péage de l'arrondissement de Tanneson, qui ont 90 milles, ne rendant que de faibles produits, furent données à l'entretien par bail, à des paroisses et à des particuliers, plusieurs années avant ma nomination d'inspecteur. On négligea, comme il arrive trop souvent en pareil cas, d'y transporter les matériaux nécessaires et de faire les réparations urgentes ; des ornières se formèrent, devinrent de plus en plus profondes, et arrivèrent jusqu'aux pierres de fondation qui furent brisées, enfoncées ou retournées ; il se forma de dangereuses fondrières par l'action des eaux de pluie ou de sources qui détrempèrent la glaise et le sable, et par celles des voitures qui pénétraient dans ce sol saturé d'eau. On fut forcé, pour rétablir la viabilité, d'enlever la vase de ces fondrières, d'en couvrir le fond avec des bûches de bois et d'en remplir les trous avec des pierres, opérations qui occasionnèrent des peines et des dépenses incalculables. Je pourrais encore citer d'autres faits qui prouvent le danger de réduire l'épaisseur des chaussées, et de détruire les fondations des routes réparées d'après des baux. Je suis convaincu qu'une bonne fondation est essentielle à la conservation des routes; et c'est aussi l'opinion de tous les écrivains et des ingénieurs qui ont traité ce sujet. J'apprends que M. Telford, célèbre ingénieur, adopte ce mode dans la construction de la grande route nationale de Holyhead, et je n'ai jamais entendu dire qu'on ait fait ou réparé des routes d'après un autre système; j'en excepte toutefois celles confiées à M. Mac-Adam; mais l'expérience de sa méthode est trop récente pour en admettre les principes. On pourrait également avancer que des fondations ne sont pas plus nécessaires à un édifice qu'à une bonne route. Je suis sur ce point parfaitement d'accord avec M. Chambers, qui regarde le manque de fondations des routes d'Angleterre comme le plus grand défaut. Le choix et l'arrangement des matériaux pour les fondations d'une route, exigent beaucoup d'expérience et de sagacité, tandis que l'arrangement de la surface, la partie la moins importante de l'art de construire les routes, est l'office des surveillants.

» . . . . . . Dans le district de Bath (celui de l'auteur), où la plupart des matériaux sont de la plus mauvaise qualité, le voyageur en payant à une barrière, est affranchi toute la journée sur tout le trust qui est de 5o milles, tandis que dans le trust de Bristol (celui de Mac-Adam), où les matériaux sont généralement de la meilleure qualité et ne coûtent pas le tiers de ceux de Bath, et quoique les créances hypothéquées sur le trust de Bristol soient beaucoup moins élevées, le voyageur paye sur une ligne de 10 à 12 milles trois fois un péage égal à celui exigé une seule fois sur les routes de Bath. Il faut convenir qu'il est fort extraordinaire que, dans de telles circonstances, M. Mac-Adam ait osé insérer dans ses dépositions au comité, que la situation des fonds du trust de Bristol est très-prospère; qu'il a fait de grandes économies par l'introduction de son système. Cependant les commissaires de Bristol sont en instance près du parlement pour en obtenir un bill qui leur permette de faire sur les péages du trust une augmentation de plusieurs mille livres sterlings par an, augmentation qui n'a pu être proposée et soutenue que par M. Mac-Adam lui-même.

» Je pourrais montrer par beaucoup d'autres faits, que le taux des impôts est fort inégal d'un district à un autre, et souvent si élevé, que cette taxe devient extrêmement funeste. »

Il était difficile, à notre avis, d'apporter à l'appui du système de routes avec fondation, des raisonnements plus mal fondés et des exemples plus mal choisis. Pour démontrer la nécessité de la fondation, on cite une route qui s'est rouagée, défoncée, perdue, non pas parce qu'elle n'avait pas de fondations, mais parce qu'elle avait manqué d'entretien. Si au reste nous nous sommes étendu sur cette question d'épaisseur de chaussée, c'est qu'elle se lie intimement à la manière de considérer l'action des voitures sur les routes, et par conséquent à la nature des réparations et aux dépenses d'entretien qu'elles exigent. J'ai pensé qu'il était bon de faire voir par une citation quelle était l'opinion sur ce sujet des ingénieurs *employés depuis des siècles* à la confection des routes, et quels étaient les arguments qu'on apportait en faveur de ce système. L'opinion *monstrueuse* de Mac-Adam a fini par triompher; il est bien démontré aujourd'hui que l'ornière n'est pas le

résultat direct du poids de la voiture sur la chaussée ; une
voiture très-lourde, sur jantes étroites, en passant sur
une chaussée médiocre, ne fait pas une ornière, ni à son
premier, ni à son second, ni à son troisième passage ; l'ornière ne vient que longtemps après. Les voitures ne défon-
cent pas les routes, elles les scient ; or, ce n'est pas s'opposer d'une manière efficace à cet effet destructeur que
d'augmenter l'épaisseur des chaussées, d'y mettre des fondations, de diminuer le poids des voitures, d'élargir les
bandes ; on ne fait ainsi qu'éloigner le danger. Il fallait
100 passages pour couper la chaussée : il en faudra
200, 300, 1000, avec une chaussée plus épaisse et des voitures plus légères pour arriver au même résultat, mais il
arrivera d'une manière aussi infaillible. C'est ajourner le
mal, ce n'est pas le détruire. Le secret de l'art de l'entretien (on sait que tous les arts, tous les métiers ont leur tour
de main), c'est de diriger les voitures de manière qu'elles
ne passent jamais dans les mêmes pistes. C'est une condi-
tion que l'emploi des matériaux, l'enlèvement des détritus
et toutes les mains-d'œuvre de l'entretien doivent remplir.
On conçoit que, si puissante que soit l'action de cette scie sur
la surface, le résultat de son passage change complétement
de nature, lorsqu'elle se trouve incessamment déplacée.
Loin d'y tracer un sillon, elle agit comme un polissoir,
comme un rabot qui fait disparaître les aspérités de la surface, et qui la rend plus dure par l'effet de la pression. Ces
outils, trop longtemps promenés sur les mêmes points par
une main inhabile, au lieu de polir la surface, y creuseront
des trous et des ornières. Dans l'entretien des routes, les
roues des voitures ont les mêmes avantages, et je ne crois
pas qu'il y ait exagération à dire qu'elles sont l'outil le
plus puissant et le plus nécessaire de tous ceux qu'on emploie ; mais elles ont aussi l'inconvénient du polissoir et du
rabot, c'est qu'elles usent, en s'usant elles-mêmes, les
surfaces qu'on soumet à leur action. A chaque passage les

chaussées perdent quelques parcelles qui se détachent sous forme de boue ou de poussière. C'est ainsi qu'elles s'usent peu à peu, non pas dans un parallélisme rigoureux, parce que l'action des roues ne sera pas la même sur tous les points, mais surtout parce que ceux-ci ne seront pas également résistants : les roues trouveront ici plus de détritus, là des matériaux plus gros, plus solides. Il y aura donc sans cesse des ondulations ; mais, avec des soins continus, elles pourront être assez légères pour que l'usure descende ainsi de couche en couche sans qu'on éprouve le besoin de réparer la surface par l'addition de matériaux.

Je ne m'occuperai pas, comme je l'ai déjà dit, des méthodes d'entretien qui procurent ces résultats ; je m'occuperai encore moins des ingénieurs auxquels ils sont dus. Personne plus que moi ne rend justice à leurs efforts et à leurs heureux succès, et si mes éloges pouvaient avoir quelque valeur, je m'empresserais de payer à chacun d'eux ma part du tribut que leur doivent, le public qui jouit de leurs découvertes, et l'administration qui les a mises en pratique. Cette tâche me serait beaucoup plus agréable que de venir détruire les illusions produites par l'enivrement du succès, en présentant le compte bien aride de ce qu'ils ont coûté et de ce qu'ils coûteront à ceux qui voudront les obtenir. Mais je crains, d'une part, que chez certains esprits, enclins à repousser tout ce qui est nouveau, ces erreurs ne nuisent au système auquel on les attache, et que le vrai et l'utile soient condamnés parce qu'ils se trouvent alliés à un peu de faux ; que d'autres, au contraire, séduits par les résultats matériels, ne se mettent dans l'impossibilité de les obtenir, par leur ardeur même à adopter le système avec les conséquences dont on l'accompagne. Enfin, dans cette question, je ne crois nullement atténuer le mérite des inventeurs. Lorsque, il y a quelques années, M. Vicat vint apprendre aux constructeurs à faire de bons mortiers, il se trouva malheureusement que la chaux hydraulique ne foisonnait pas comme la chaux grasse ; il se trouva qu'une fois éteinte, elle prenait moins de sable que l'autre ; ce qui fit que le bon mortier coûta beaucoup plus cher que le mauvais. Cette circonstance ôta-t-elle quelque chose au mérite de l'invention ? L'empêcha-t-elle d'être immédiatement adoptée ? Il se trouva, il est vrai, que ce mortier cher était, en fin de compte, économique tant par la facilité qu'il donnait de fonder sans épuisements les travaux d'art, que par les garanties de durée et de solidité qu'il leur donnait pour l'avenir. Il en est de même pour l'entretien des routes ; il est cher, lorsqu'on le considère isolé de ses résultats ; mais lorsqu'on le rattache aux autres dépenses du transport, dont il n'est qu'une partie si faible, alors on peut dire que plus on consacre de fonds à l'entretien des routes, moins on dépense pour les transports : c'est ce que nous ferons voir plus tard par quelques chiffres.

J'ai cru devoir ces courtes explications à ma position personnelle à l'égard de quelques-uns des ingénieurs dont je viens ici combattre les opinions : il m'eût été pénible qu'on attribuât cette discussion à d'autres motifs que ceux que je viens de donner.

Ce qu'il y a de plus difficile à comprendre dans cette question d'entretien, c'est que ceux qui ont le plus contribué à son perfectionnement ne se soient pas rendu compte des dépenses. Comment se fait-il qu'après avoir réussi dans la partie qui demandait à la fois de l'invention et de l'observation, on ait échoué dans celle qui ne paraît demander que le calcul le plus vulgaire, l'arithmétique la plus usuelle ? Il y a donc, dans la manière dont se comportent les routes suivant les divers régimes auxquels on les soumet, quelque chose de plus compliqué qu'on ne le pense communément. C'est ce qui va nous obliger à examiner avec quelques détails la plupart des cas dans lesquels peut se trouver une route par rapport aux crédits d'entretien qu'on lui accorde.

Nous supposons que pour maintenir une chaussée en bon état et réparer l'usure annuelle, il faille les dépenses suivantes :

En matériaux, 5 000$^{m.c.}$, à 3 f. . . . . . . . . . . . 15 000 fr.
En main-d'œuvre, 25 cantonniers à 400 fr. . . . . . . . 10 000

Total. . . . . . . . . . . . . . 25 000 fr.

Ce crédit, cette réparation, constituent ce que nous appelons l'entretien normal. C'est le seul bon, le seul rationnel, le seul durable ; cependant il est peut-être le plus rarement employé. On peut s'en écarter, en effet, de bien des manières ; et d'abord on peut augmenter la main-d'œuvre aux dépens des matériaux, et porter, par exemple, le nombre des cantonniers à 31, et réduire la fourniture de 3 000 fr. ou de 1000$^{m.c.}$ ; qu'en résultera-t-il ? Les cantonniers auront alors du temps à perdre ou à donner à des soins d'entretien plus minutieux ; mais les matériaux seront encore plus que suffisants pour réparer les légères dégradations qui pourront survenir ; de sorte que, malgré cette erreur, la route n'en continuera pas moins à être fort bonne. Il y aura seulement une usure en matériaux de 1000$^{m.c.}$ ; mais cette usure ne présentera guère que 700$^{m.c.}$ de chaussée ; or, s'il s'agit d'une route peu fréquentée, et par conséquent si l'entretien dont nous venons de parler s'applique, par exemple, à 50 kilomètres de longueur, il ne résultera de cette erreur qu'une usure annuelle d'un peu plus de 2 millimètres. Or, nous le demandons, comment s'apercevoir d'un pareil résultat, même au bout de plusieurs années ? Quelles mesures assez précises pourraient le faire apprécier ? L'usure n'est pas, comme nous l'avons dit, d'un parallélisme rigoureux. Dans la surface légèrement ondulée de la chaussée, les bosses et les flaches changent continuellement de place, les cantonniers ne répartissent pas leurs emplois d'une manière uniforme, la température plus ou moins chaude, plus ou moins humide, peut

2

d'ailleurs, lorsqu'il s'agit de quantités aussi faibles, donner de grandes différences; des profils repérés, à moins d'être très-nombreux et très-précis, ne pourraient donc rien donner qu'après un très-long intervalle de temps; à plus forte raison, le public et l'observateur même le plus attentif ne pourront-ils s'apercevoir de l'abaissement de la chaussée. On peut donc, avec le crédit suffisant pour entretenir une route, l'user de quantités insensibles à l'œil, mais qu'il sera néanmoins nécessaire de réparer par la suite, tout en maintenant la route parfaitement bonne. Le résultat n'est plus le même lorsqu'on se trompe en sens inverse.

Si au lieu de mettre les 15 000 fr. de matériaux qui suffisent pour réparer l'usure, vous portez la fourniture à 20 000 fr., il est évident que les cantonniers, réduits de moitié, ne pourront plus suffire à une tâche plus considérable; s'ils parviennent encore à enlever les détritus, ce ne pourra plus être que lorsqu'ils auront atteint une certaine épaisseur qui permettra de les enlever par masses considérables : il faudra donc se résigner à avoir de la boue et de la poussière. Quant aux matériaux, les cantonniers ne pourront pas davantage mettre à leur emploi les soins que ce travail réclame; de là les rechargements généraux, si pénibles pour le roulage, et les ornières qui en sont la conséquence inévitable. Cette erreur de répartition peut donc avoir pour l'état de la route les plus fâcheux résultats. Quant à l'épaisseur de la chaussée, elle tendra nécessairement à s'augmenter. Ainsi on peut avoir une mauvaise route avec les fonds nécessaires pour la maintenir bonne, par cela seul qu'on aura fait la part des matériaux trop considérable.

Le crédit supérieur aux besoins donne les mêmes résultats; mais il a cela de remarquable, que pour avoir une route aussi bonne on se trouve presque obligé de perdre une partie de l'argent. En effet, pour faire un emploi utile du crédit, il faut augmenter la quantité de matériaux de manière à dépasser l'usure; alors on impose au roulage

une peine beaucoup plus considérable pour les enchevê-
trer, il trouvera donc nécessairement la route moins bonne.
Ainsi l'excès de dépense n'améliore pas la route, et pour
la retrouver aussi bonne que dans l'entretien normal, il
faut dissiper cet excès ou l'employer ailleurs. On peut,
avec ce même crédit, en exagérant la fourniture des matériaux aux dépens de la main-d'œuvre, avoir la route
aussi mauvaise que dans le cas précédent ; nous n'insisterons pas davantage sur ce point, parce que nous ne pourrions que répéter ce que nous avons dit plus haut. Nous
arrivons de suite au cas plus ordinaire du crédit insuf-
fisant.

Si au lieu du crédit de 25 000 fr. nécessaire, essentiel
pour l'entretien normal de la route, l'ingénieur ne peut
disposer que d'un crédit de 18 000 fr., il ne faudrait pas en
conclure que la route va devenir immédiatement mauvaise.

Au lieu de mettre en matériaux. . 15 000 f. on ne mettra plus que 10 000 f.
Au lieu de mettre en main-d'œuvre 10 000 f. on ne mettra plus que  8 000 f.

|  |  |
|---|---|
| 25 000 f. | 18 000 f. |

Les cantonniers auront en effet toujours la même quantité de détritus à enlever sous forme de boue ou de poussière ; mais ils n'auront plus à employer que les $\frac{2}{3}$ des
matériaux qu'ils employaient auparavant. On pourra donc,
comme nous venons de le faire, diminuer aussi leur
nombre et n'avoir même pas pour perte en matériaux
les 7 000 fr. qu'on a retranchés du crédit. Quant à la
route, loin d'être plus mauvaise, elle sera meilleure,
puisqu'on verra sur sa surface beaucoup moins d'emplois
toujours désagréables et gênants pour le roulage, quelque
précaution qu'on prenne pour accélérer leur prise ; on
pourra donc réduire encore le crédit et le faire descendre
à des sommes bien inférieures, pourvu qu'on laisse de
quoi payer la main-d'œuvre nécessaire pour enlever
les détritus d'une manière continue, et quelques maté-

riaux pour boucher les flaches les plus profondes. Le seul
inconvénient de ce crédit et de cette répartition sera
l'usure de la chaussée.

Mais si au lieu de faire la répartition qu'on vient d'indiquer, si craignant une usure trop rapide de la route, on
augmente le crédit des matériaux aux dépens de la main-
d'œuvre, on arrive à un résultat différent et que nous
avons déjà décrit plus haut. Les cantonniers considérablement réduits ne peuvent suffire ni à l'enlèvement des
détritus, ni à l'emploi des matériaux, et de là, la boue,
la poussière, les ornières et tous les désordres qu'on voit
à la surface d'une mauvaise route.

D'après cette énumération rapide des circonstances dans
lesquelles une route peut se trouver par rapport aux dépenses allouées à son entretien, on voit que son état bon
ou mauvais ne dépend pas du tout du chiffre de ces dépenses, mais uniquement de la quantité de main-d'œuvre
employée à son entretien (3). Toutes les fois que cette
quantité de main-d'œuvre est suffisante pour enlever les
détritus et faire l'emploi des matériaux qu'on veut bien
mettre, la route est bonne et d'autant meilleure qu'on
emploie moins de matériaux, et elle devient mauvaise,
même avec un crédit supérieur, dès que la main-d'œuvre
est insuffisante. On doit commencer à voir dans ces faits
l'origine de cette erreur qu'on a exprimée par cette formule : maximum de beauté, minimum de dépense. Pour
la rendre exacte, il suffirait d'y ajouter deux mots et de
la renverser ainsi : minimum de dépense en matériaux,
maximum de beauté. On n'a eu égard qu'à l'état actuel
de la route, on a fait abstraction de l'usure plus ou moins
grande des chaussées, ou du moins, si on y a pensé, on
s'est rassuré par des raisonnements plus ou moins spé-

---

(3) Il va sans dire qu'on suppose que dans chaque cas les cantonniers
seront surveillés et feront ce qu'il y aura de mieux à faire.

cieux que nous examinerons tout à l'heure et que nous réfuterons par des faits positifs. Cette usure est fort lente, même sur les routes assez fréquentées, et ne devient sensible qu'après un très-long espace de temps ; mais on ne peut se dispenser d'en tenir compte dans les dépenses d'entretien.

Nous n'avons considéré tout à l'heure qu'une route bonne par sa nature, c'est-à-dire ne contenant que la quantité de détritus nécessaire pour la liaison des matériaux, et lorsque nous avons dit qu'elle devenait mauvaise par défaut de main-d'œuvre, on a dû comprendre que, successivement coupée par des ornières, rechargée par des emplois mal faits et mal soignés, le massif perdait sa liaison et devenait d'un tirage pénible, comme le sont par exemple les chaussées neuves. Dans ces circonstances, il est possible que l'usure augmente ; les matériaux se présentent souvent en effet d'une manière isolée sous les roues ; il y a, à chaque instant, des broiements, des écrasements qui n'auraient pas lieu si la surface de la chaussée était unie ; quant aux fausses manœuvres de rabattage d'ornières, de séparation de la boue des matériaux, elles se réduisent nécessairement à peu de chose, puisqu'en définitive on a une économie dans la main-d'œuvre, ainsi que cela ressort des chiffres mêmes rapportés comme exemple et comme preuve.

On cite en effet une route sur laquelle on dépensait autrefois, en matériaux : 20 000 fr., en main-d'œuvre : 5 000 fr. ; alors elle était mauvaise. Aujourd'hui elle est bonne avec une dépense de 5 000 fr. en matériaux et de 10 000 fr. en main-d'œuvre.

On voit donc que toutes ces fausses manœuvres d'autrefois ne coûtaient, y compris les bonnes, que 5 000 fr., et que les bonnes d'aujourd'hui en coûtent 10 000. Après de tels chiffres ce n'est pas sans étonnement que nous lisons l'assertion suivante :

« Ainsi l'on conçoit très-bien que pour un cube donné de matériaux, notre mode d'emploi puisse, en dernière analyse, ne pas exiger beaucoup plus de main-d'œuvre que le mode ordinaire. »

On vient de voir en effet dans l'exemple précédent, que pour employer le quart des matériaux dans le nouveau système, on dépensait deux fois plus de main-d'œuvre, c'est-à-dire huit fois davantage *pour un cube donné.* Cette prétention est d'ailleurs tellement extraordinaire et tellement nouvelle que je ne puis la considérer comme sérieuse. Jusqu'à présent et avec raison on blâmait l'économie de l'ancien système sur l'article de la main-d'œuvre, et on lui attribuait le mauvais état des routes.

Ainsi, nous accorderons volontiers qu'avec un crédit supérieur, en employant trop de matériaux et pas assez de main-d'œuvre, on peut avoir une route mauvaise et usant beaucoup plus de matériaux que celle qui est soumise à l'entretien normal. Mais bientôt cet excès d'usure s'arrête, parce que la nature de la chaussée s'altère, et c'est ici le lieu de considérer le cas d'une chaussée contenant une proportion de détritus plus considérable que celle qui est nécessaire à la liaison. Tout le monde sait parfaitement bien qu'une chaussée n'a pas besoin d'être à l'état normal pour être praticable et pratiquée. Ces chaussées sont encore bien meilleures que le simple terrain naturel dont elles commencent cependant à avoir les inconvénients. Mais lorsqu'on veut tolérer les frayés, les ornières même, la boue et la poussière, et alors on est bien obligé de le faire, on peut avoir des chaussées praticables toute l'année, et qui, au lieu de contenir la moitié seulement de détritus, en contiendront les $\frac{2}{3}$ ou les $\frac{3}{4}$. On pourrait citer de nombreux exemples à l'appui ; mais cela est inutile, puisque c'est précisément sur des chaussées de cette nature qu'ont eu lieu les remarquables améliorations citées. Or, sur ces chaussées à grande proportion de détritus, et par conséquent mauvaises, les choses ne se passent plus de la même manière : on peut régler l'usure à volonté, et on va la voir au contraire d'autant moindre que la route sera plus mauvaise.

Continuons notre supposition d'une route à l'état normal, et qui a besoin pour y être maintenue :

De 5 000 $^{m.c.}$ de matériaux à 3 fr. . . . . . . . . . . . . 15 000 fr.
25 cantonniers à 400 fr. . . . . . . . . . . . . . . . . . 10 000
Total. . . . . . . . . . . . . 25 000 fr.

Supposons maintenant qu'on s'astreigne à ne plus mettre annuellement que 3 000 $^{m.c.}$ de matériaux, et qu'on s'astreigne aussi à n'enlever que l'équivalent de ces 3 000 $^{m.c.}$ en boue et en poussière, il est bien évident d'abord que, dans ce système d'entretien, l'épaisseur de la chaussée ne changera pas ; ce qui changera, c'est la proportion du détritus et de la pierre. Ainsi, si à l'état normal elle était de moitié, au bout de quelques années elle descendra à une proportion bien inférieure ; mais elle finira par devenir constante, puisque les causes qui agiront sur la chaussée seront elles-mêmes invariables. Ainsi la chaussée tombera nécessairement à une proportion déterminée de détritus et de matériaux, $\frac{3}{4}$ et $\frac{1}{4}$ par exemple ; il ne se fera plus précisément d'usure que les 3 000 $^{m.c.}$ qu'on emploiera annuellement. On pourrait peut-être objecter que l'usure continuera d'être annuellement de 5 000 $^{m.c.}$, jusqu'à ce que la chaussée soit devenue tout entière détritus ; mais ce serait là une erreur qu'il suffit d'un instant de réflexion pour dissiper. Nous sommes partis de la chaussée normale, moitié pierre, moitié détritus ; partons maintenant du terrain naturel, ou de la chaussée toute détritus, et mettons toujours 3 000 $^{m.c.}$ de matériaux par an. N'est-il pas évident qu'au bout de la première année, quelques-uns de ces matériaux, et peut-être même beaucoup, se seront enfoncés dans ce massif

boucux et auront échappé aux jantes des voitures ? N'est-
il pas évident que la seconde année laissera encore dans
la chaussée un second contingent égal au premier ? Mais
celui-ci aura un peu diminué, parce que les voitures auront écrasé quelques-unes des pierres de cette première
fourniture qu'elles auront rencontrées par hasard. La
quantité de pierre ira donc ainsi toujours croissant, mais
de moins en moins, jusqu'à ce que l'écrasement soit devenu égal à la fourniture annuelle. Nous retrouvons donc
reproduite ici cette chaussée à proportion constante de
détritus et de matériaux, qui se forme nécessairement
toutes les fois que l'enlèvement des détritus ne dépasse pas
la fourniture des matériaux. Plus cette fourniture approche d'être égale à l'usure normale, plus la chaussée approche de la proportion qui doit exister à l'état normal,
et meilleure elle est. Ainsi, si le crédit permet de porter
la fourniture à $4\,000^{m\cdots}$ et d'augmenter la main-d'œuvre de la dépense correspondante, on obtiendra des résultats de plus en plus satisfaisants d'année en année;
mais bientôt l'amélioration s'arrêtera, et on arrivera à un
état stationnaire meilleur qu'auparavant, mais qui ne
sera pas encore l'état normal. La chaussée ne sera pas encore assez dure pour que, détrempée par de longues
pluies, elle ne se laisse pas couper par des ornières. Les
gelées et les dégels pourront encore en désorganiser la
surface; mais ces accidents seront rares et de courte durée.

On voit qu'en s'astreignant à n'enlever de détritus que
l'équivalent de ce qu'on met de matériaux, on parvient à
régler l'usure et à avoir des chaussées qui usent d'autant
moins qu'elles sont plus mauvaises. Non-seulement les
raisonnements à l'aide desquels nous avons démontré ces
résultats nous paraissent avoir une rigueur mathématique, mais encore on peut les expliquer directement par
le seul examen de ce qui se passe sur les chaussées suivant
l'état dans lequel elles se trouvent.

On a fait un tableau effrayant de l'écrasement, et par conséquent de l'usure des matériaux, qui devait avoir lieu dans les chaussées sillonnées par des ornières ; on a représenté les matériaux sans cesse roulant les uns sur les autres et s'usant par un nombre infini de surfaces, puis écrasés par les voitures qui retombant de cahots en cahots agissent sur eux comme de lourds marteaux. On a oublié de remarquer que pour qu'il y ait écrasement, il faut qu'il y ait de la pierre ; que sur une route qui en contient fort peu, les matériaux roulent dans la boue ou s'y enfoncent sans être écrasés ; que tous les cahots dont on s'effraye ne brisent souvent que la voiture et les voyageurs. N'y a-t-il pas aussi, dans les chemins vicinaux non empierrés, des chocs et des cahots ? Il n'y a cependant ni écrasement ni usure, par la raison toute simple qu'il n'y a pas de pierre ; eh bien ! dans une chaussée mauvaise où il y a peu de pierres, il y a aussi peu d'écrasement. On a confondu les chaussées bonnes dans leur nature, c'est-à-dire par la quantité de matériaux et de détritus qu'elles contiennent, et devenues mauvaises par défaut de soin, avec les chaussées mauvaises par défaut de matériaux ét par excès de détritus. On a appliqué à ces dernières des faits qui ne sont peut-être même pas très-exacts pour les premières. Il est bien vrai, en effet, que lorsque ces chaussées sont unies et lisses, on y a moins d'écrasement que lorsqu'elles sont bouleversées, de manière à ce que les matériaux soient rencontrés isolément par les voitures ; que l'uni et la liaison de la surface sont alors un obstacle à l'écrasement, et que les sacrifices qu'on peut faire pour conserver ces qualités de la chaussée peuvent être payés jusqu'à un certain point par une diminution d'usure. Mais malheureusement ce n'est pas là l'état général des routes mauvaises : c'est plutôt une exception qu'une règle ; la plupart des routes sont mauvaises non-seulement par défaut de soin, mais par excès de détritus, et il arrive que cet excès devient dans beaucoup de cas un préservatif de l'écrasement, ce qui est loin d'être contradictoire avec la propriété, attribuée également à l'uni de la surface, de diminuer aussi le cube des matériaux écrasés.

Voyons maintenant ce que peut être l'usure sur une chaussée unie.

« Quelle qu'elle soit, dit-on, elle est certainement réduite au minimum, car il n'y a pas d'autre usure que le simple frottement, c'est-à-dire la plus faible. Les eaux n'occasionnent aucun dégât puisqu'elles ne sauraient y séjourner ; la gelée et le dégel ont peu d'influence sur elle, attendu que les détritus, sur lesquels ils exercent principalement leur action, ne s'y rencontrent qu'en très-petites quantités. »

On admet ici précisément ce qu'il s'agit de démontrer, c'est-à-dire que l'usure de frottement est la plus faible. Mais c'est là une opinion qui aurait eu besoin d'être confirmée par des faits, et on n'en cite aucun. Pendant longtemps on s'est fait une idée tout à fait fausse de l'usure des surfaces ; on a fait la part des chocs et des aspérités beaucoup trop forte ; on a pensé qu'il suffisait d'avoir des surfaces unies pour avoir des surfaces résistantes. De là ces malheureuses spéculations sur certains bitumes qu'on a vus disparaître sous les pas des piétons. De là ces essais même sur les routes en empierrement qui devaient plus tard servir aux locomotives. On avait pensé qu'on obtiendrait, en remplaçant le détritus des chaussées ordinaires par une gangue en bitume, une surface tellement lisse, tellement unie, qu'échappant à toutes les causes ordinaires de destruction des chaussées, elle serait d'une durée assez longue pour qu'il fût inutile de penser à son entretien. Nous avons été à même de suivre jour par jour un essai qui a été fait à l'entrée des Champs-Élysées, et nous avons vu complétement disparaître au bout de dix-huit mois la chaussée bitumée de 0$^m$.10 d'épaisseur, et nous ne parlons pas ici de quelques trous accidentels qui s'étaient formés immédiatement et qui provenaient de vices de construction ; nous ne parlons que des parties qui se sont toujours maintenues unies et qui se sont usées graduellement. Cependant le roulage y était excessivement doux ; jamais d'ornières, jamais de frayé ; les voitures y passaient sans choc et sans bruit. Cependant l'usure s'y est trouvée presque égale à ce qu'elle est sur le reste de l'avenue, c'est-à-dire de $0^m.10$ d'épaisseur en matériaux par an. Il y a donc même sur les surfaces unies une usure considérable ; elle est insensible là où les matériaux sont durs et la fréquentation faible , c'est pour cela qu'elle a pu échapper à bien des ingénieurs. La fréquentation produit sur les routes l'effet du microscope : elle grossit et rend immédiatement visibles des causes de destruction imperceptibles sans elle. S'il n'y avait eu sur les Champs-Élysées que la fréquentation de 100 colliers d'une route de la Sarthe, il aurait fallu quatre-vingt-dix ans pour obtenir le même résultat qu'ont donné en dix-huit mois les 6000 colliers des Champs-Élysées, et aujourd'hui l'expérience faite paraîtrait avoir parfaitement réussi.

Cette usure des surfaces unies n'est pas du reste un phénomène qui doive étonner et dont on ne puisse se rendre compte directement. Si bien balayée que soit une route , elle ne tarde pas à se couvrir d'une légère couche de poussière qui provient de l'écrasement des petites aspérités de la surface , aspérités bien apparentes et faciles à reconnaître à la simple vue. En faisant balayer de nouveau , on reconnaît que les aspérités n'ont pas disparu : elles sont remplacées par d'autres entre les interstices desquelles la poussière se trouve logée, de sorte que la surface n'en est pas plus unie (4). Cela tient à ce que l'écrasement des aspérités

---

(4) Nous considérons ici l'uni de la surface dans une très-petite étendue. Ce n'est pas l'uni général qui comprend les bosses et les flaches , c'est l'uni qui existe dans un centimètre quarré par exemple.

ne s'arrête pas à ce qui fait saillie , mais descend au-dessous
du fond des petits enfoncements qui plus tard deviennent
saillie: de sorte, qu'arrivée à un certain degré d'uni en rapport avec le poids des voitures qui parcourent la route , la
surface n'acquiert plus rien sous le rapport du poli et reste
continuellement exposée de la même manière à cette action
destructive des roues. Mais cette action n'est pas la seule,
il y a aussi léger enfoncement de la partie immédiatement
en contact avec la roue , et léger relèvement des parties
latérales ; c'est là le commencement du frayé qui, pour un
passage de voiture, n'est sensible à l'œil que par une
teinte, mais qui, à la longue, peut prendre les dimen-
sions de l'ornière. Dans ce mouvement de compression ,
il y a des pierres qui se fendent sans se séparer, se brisent, éclatent; de petits fragments qui se broient complétement ; le bruit de cet écrasement s'entend fort bien près
des roues d'une voiture pesamment chargée, et on en
trouve les traces en faisant des sondes dans la piste des
roues. Il y a donc aussi une altération qui descend au-
dessous de la surface et favorise jusques à une certaine
profondeur la formation du détritus. Or, si on compare
cette action sur deux chaussées unies, dont l'une , dure et
solide, ne contient que la proportion convenable de détritus, la moitié par exemple, et dont l'autre en contien-
drait davantage, supposons les $\frac{3}{4}$ , il sera bien facile de
concevoir qu'il y aura plus d'écrasement, plus de broie-
ment de pierre sur la chaussée dure que sur la chaussée
qui contiendra plus de détritus. Ce détritus sera un préservatif non-seulement à la surface, mais dans l'intérieur
même; les pierres pressées par les voitures pourront
souvent se déplacer sans se rompre, et il ne faudrait pas
alors juger de l'usure par le détritus devenu libre à la
surface sous forme de poussière : la mauvaise chaussée en
donnerait en effet bien davantage; mais ce ne serait pas
du détritus nouveau , et la plus grande partie pourrait en

être conservée sans altérer sa nature que par hypothèse on veut conserver mauvaise.

Pour rendre tout ce que nous venons de dire plus clair, supposons une industrie dont le but, contraire à celui de l'entretien des routes, serait de faire du détritus ( il en existe quelques-unes de ce genre ); supposons que sa machine fût une espèce de manége donnant le mouvement à une roue très-pesante tournant dans une auge remplie de matériaux : n'est-il pas évident que si les matériaux battus par la roue faisaient prise entre eux, on aurait soin d'enlever les détritus au fur et à mesure qu'ils se formeraient ? Il est clair aussi qu'on chercherait à empêcher cette prise en y traçant un sillon à l'aide d'un soc qui précéderait la roue et bouleverserait sans cesse les matériaux. Mais même dans ce désordre, on chercherait encore à enlever le plus de détritus possible ; et si par négligence on l'y laissait, la roue écraserait de moins en moins de matériaux et finirait par tourner inutilement dans son auge.

Il y a encore une circonstance importante de l'entretien où les bonnes routes usent plus que les mauvaises. Il ne sera peut-être pas inutile d'insister sur ce point, parce que nous expliquerons peut-être ainsi les différences qui se sont manifestées entre les ingénieurs, relativement aux soins à prendre pour l'emploi des matériaux. On a recommandé d'abord de piquer le contour des flaches pour arrêter les pierres des emplois, puis toute la surface pour avoir une liaison plus prompte ; ensuite on a couvert les emplois de détritus ; enfin on en vient à les pilonner et à les arroser. D'autres ingénieurs regardent tous ces soins comme inutiles et les proscrivent de leur pratique. Les uns et les autres ont peut-être raison. Sur une route à grande proportion de détritus, et par conséquent mauvaise, les emplois prennent parfaitement sans ce luxe de précautions ; les flaches sont ordinairement assez profondes. assez prononcées pour que la pierre s'y maintienne parfaitement sans piquage du contour ; le fond est toujours assez mou pour que la liaison s'opère sans décapement ; enfin il y a toujours assez de boue sur la route pour que les roues amènent ce qui est nécessaire à la prise. Non-seulement l'emploi est plus facile sur les mauvaises chaussées ; mais il est aussi plus profitable. A mesure qu'on durcit la surface par l'enlèvement continu du détritus, les flaches deviennent moins profondes ; leurs bords arrondis laissent rouler les pierres au dehors : il faut les arrêter par un piquage du contour, le fond de la flache devient de plus en plus dur ; la pierre ne peut plus y pénétrer ; vous êtes conduit alors à en décaper la surface, et enfin à couvrir l'emploi de détritus, parce que n'ayant pu employer qu'une pierre d'épaisseur, vous avez nécessairement une surface inégale qui s'écrase facilement sous les roues. Toutes ces mains-d'œuvre, nous le répétons, sont une conséquence de l'excès de bonté de la route ; mais malgré tous ces soins minutieux, la comparaison, que nous avons faite souvent de l'emploi des matériaux sur les mauvaises et sur les bonnes routes, nous a convaincu qu'il était toujours plus profitable sur les unes que sur les autres ; que si on se propose, par exemple, de faire entrer $1^{m.c.}.oo$ de pierres sur une bonne et sur une mauvaise chaussée, on ne parviendra sur la bonne à incorporer que $0^{m.c.}.8o$ de pierre et peut-être moins : le reste sera écrasé ; tandis que sur la mauvaise vous ferez entrer $0^{m.c.}.9o$ et même davantage. De la pierre jetée à la volée y pénétrerait même, tandis que sur la bonne elle serait complétement écrasée.

Remarquons en passant que c'est encore là un des plus grands bénéfices du système d'entretien qui ne s'astreint pas à réparer l'usure : c'est qu'ayant moins d'emplois à faire, il évite ainsi une des circonstances où l'usure est la plus considérable.

Il nous resterait encore à parler d'une espèce de chaussée qu'on rencontre fort souvent maintenant, ce sont les chaussées dont il ne reste plus que la couche de fondation. Leur existence prouve d'abord que toutes les routes de

France sont bien loin de s'épaissir comme on le prétend ; elle prouve ensuite que les plus mauvaises routes ne sont pas celles qui coûtent le plus , et que celles qui fatiguent le plus le roulage et les voitures , ne sont pas celles qui s'usent le plus. Sur certaines de ces routes la fourniture de matériaux peut être excessivement réduite , et on n'a d'autre inconvénient que de les trouver plus dures. Ainsi , si on met $100^m.00$ par kilomètre , la route peut se trouver passable dans le courant de l'année : vous aurez eu de quoi boucher les plus grands trous et éviter les plus grands cahots aux voitures ; si vous n'en mettez que $50^m.00$ , la route sera beaucoup plus dure ; elle le sera horriblement , si vous n'y mettez rien ; mais quant à l'usure , elle sera toujours limitée à peu près au cube des matériaux que vous aurez mis. Nous n'insisterons pas davantage sur ces chaussées qu'on peut regarder comme des exceptions.

En récapitulant ce qu'on vient de dire sur l'entretien des chaussées, on voit que leur épaisseur constitue une espèce de capital qui dans certains cas vient couvrir l'insuffisance du revenu , et dans d'autres peut s'augmenter lorsque ce revenu est trop considérable. Malheureusement il y a entre le capital et le revenu une connexité telle qu'il n'est pas possible de distinguer sans certaines précautions particulières ce qu'on enlève à l'un ou ce qu'on ajoute à l'autre. Il y a même cela de particulier que les routes sont d'autant plus belles qu'on demande moins au revenu et qu'on prend plus au capital. On voit que ces tableaux de dépenses qu'on apporte comme des preuves convaincantes, ne prouvent absolument rien. Vous dites : on dépensait autrefois que la route était mauvaise :

En matériaux 20 000 fr. , en main-d'œuvre. . . . . . . . . . 5 000 fr.

Nous dépensons aujourd'hui , qu'elle est bonne :

En matériaux 5 000 fr. , en main-d'œuvre. . . . . . . . . . 10 000 fr.

Donc l'ancien système usait quatre fois plus de matériaux que le nôtre. A cela nous répondrons : l'ancien système n'usait pas tous les matériaux qu'il mettait sur la route : la preuve c'est que vous trouvez aujourd'hui des épaisseurs de chaussée considérables, 1^m.00 et 1^m.50 ; c'est ce que vous avez eu soin de faire remarquer vous-même. Dans le fond de certaines sondes, on trouve même la chaussée primitive telle qu'elle a été placée, c'est-à-dire que les matériaux y sont sans mélange de détritus et ne font pas corps entre eux. Quant au nouveau système, celui qui donne la route bonne, sur quoi vous fondez-vous pour prétendre qu'il n'use que pour 5 000 fr. de matériaux ?

|  | fr. | c. |
|---|---|---|
| Vous en avez mis en 1837 pour. . . . . . . . . . | 14 601 | 28 |
| 1838 pour. . . . . . . . . | 11 124 | 18 |
| 1839 pour. . . . . . . . . | 10 310 | 45 |
| 1840 pour. . . . . . . . . | 6 781 | 14 |
| Et vous n'en mettrez en 1841 que pour. . . . . | 5 000 | 00 |

Prétendez-vous dire que tous ces chiffres sont en rapport avec l'usure annuelle ? évidemment non.

La chaussée que vous aviez à améliorer se composait généralement d'une première couche de 0^m.40 d'épaisseur, formée en grande partie de détritus, et reposant sur l'ancienne chaussée en gros blocs de 0^m.30 à 0^m.40. Vous avez d'abord assaini la couche supérieure par un curage et un époudrement continus ; cette opération, sur une surface qui était loin d'être homogène, amenait des flaches et des trous que vous avez comblés avec des matériaux ; vous êtes arrivé ainsi à former une croûte solide et dure sur laquelle les flaches sont devenues plus rares et moins profondes, et sur laquelle vous avez mis de moins en moins de matériaux. Mais ce que vous avez mis, ce que vous mettez, et ce que vous mettrez n'a aucune espèce de rapport avec l'usure générale annuelle. Vous avez cité vous-même des exemples de routes qui se sont *maintenues parfaitement bonnes avec des emplois très-faibles ou même tout à fait nuls.* Si l'année prochaine il vous convient de réduire la dépense en matériaux à 3 000 f. . vous en êtes tout à fait le maître, et rien dans l'état de la route n'accusera cette économie, si ce n'est que cet état sera peut-être un peu meilleur.

Il faut donc toujours, à côté des chiffres des dépenses d'entretien, justifier qu'on n'a rien pris sur le capital ; sans cela on n'a rien prouvé. Ce ne sont pas, en un mot, les matériaux employés qui doivent figurer dans ces comptes, ce sont les matériaux usés ; et quelque système qu'on emploie, bon ou mauvais, il n'y a aucune espèce de rapport entre ces deux quantités.

Témoin des heureux résultats produits par ces systèmes, nous nous sommes empressé de les étudier dans toutes leurs parties ; il ne nous en a nullement coûté d'abandonner toutes les idées fausses, tous les préjugés qu'une habitude déjà assez longue nous avait fait adopter sans trop nous rendre compte de leur valeur. Mais une fois entré dans cette voie d'examen et d'étude, nous n'avons admis que ce qui nous a paru suffisamment démontré, soit par le raisonnement, soit par l'expérience ; nous avons de suite compris qu'il y avait une lacune importante dans l'évaluation des dépenses, et nous avons cherché à la combler par des expériences. Certes, nous aurions vivement désiré que leur résultat vînt donner complétement raison aux arguments spécieux que nous avons combattus plus haut ; malheureusement, comme on le verra tout à l'heure, il n'en a pas été ainsi.

Voici d'abord quelles sont les considérations qui nous ont guidé dans le système d'expérience à suivre. Des nivellements, ainsi que nous l'avons dit déjà, ne peuvent faire apprécier, sur des surfaces aussi inégales que les chaussées, des différences d'épaisseur aussi légères que celles qu'il était question de mesurer. Cependant, sur des routes très-fréquentées, et pour un espace de temps assez long, cette méthode pourrait fournir d'utiles renseignements. D'un autre côté, on a vu que les résultats économiques de tels ou tels procédés se présentent sur les routes

d'une manière complexe qui ne permet pas de les apprécier par des expériences directes réduites à une petite
échelle , soit pour le temps , soit pour l'étendue. Ces procédés n'agissent pas continuellement dans le même sens :
tantôt favorables , tantôt défavorables à l'usure , ils amènent des compensations dont il faut tenir compte. Ainsi ,
à notre avis , il n'est pas rationnel d'expérimenter en petit,
en balayant et raclant pendant quelques heures ou quelques jours la piste d'une roue d'une voiture , tandis que
l'autre est abandonnée à elle-même. On a là tous les inconvénients du balayage et du raclage sans en avoir les
avantages. L'enlèvement continu du détritus a pour but
principal de faire passer les voitures sur toute la surface
et d'empêcher la formation des ornières ; il y a donc une
contradiction choquante à expérimenter ce système en faisant continuellement passer la voiture sur la même place
et en y faisant une ornière. Ce qu'il faut avoir , c'est le
résultat final du système, c'est l'usure définitive. Or , ce
qui nous a paru le mieux atteindre ce but a été de re-
cueillir avec soin , pendant un an sur plusieurs routes , le
détritus enlevé soit en boue , soit en poussière.

Sur les routes en mauvais état , c'est-à-dire, qui contiennent une trop grande quantité de détritus, on peut
dans certaines saisons et en certains moments en enlever
des masses énormes , et cet enlèvement n'a pour ainsi dire
pas de limites. Mais lorsque les routes sont bonnes , lorsqu'elles ne se laissent plus couper par des ornières , l'excès
de détritus qui se produit à la surface et qu'on enlève au
balai , au racloir , est parfaitement déterminé : le cantonnier ne peut en enlever ni plus ni moins , et ce détritus
est bien dû aux voitures qui ont passé récemment sur la
route ; et en faisant l'expérience pendant un an on obtient
la mesure de l'usure annuelle.

L'objection la plus grave qu'on puisse faire à ce système
d'expérience , et il n'en est pas tout à fait à l'abri , c'est de

ne pouvoir representer exactement toute l'usure ; le vent et la pluie en entraînent quelquefois une quantité assez difficile à évaluer. Ainsi , à mon avis , on ne peut trouver par cette méthode qu'un minimum. Mais , ce n'est pas là l'objection qui a été faite ; on a prétendu au contraire que ce détritus ainsi recueilli était loin de provenir de la route seule ; que *la chute des feuilles* , *que les déjections des animaux* , *que les matières étrangères amenées* par la circulation y entraient dans une proportion considérable : que l'usure de la route n'en était que *la moindre partie*. On a cité , à l'appui de cette opinion , les chaussées pavées sur lesquelles la poussière et la boue se renouvelaient aussi vite que sur les empierrements. Certes , nous ne prétendons pas dire que le balayage et le raclage d'une route ne donnent que le produit de l'usure parfaitement pur ; nous admettrons bien volontiers qu'il y ait quelques matières étrangères , mais en fort petite quantité. La preuve en ressort de ces expériences mêmes. En effet , la densité des matières dont on vient de faire l'énumération étant fort légère , il en résulterait que si elles entraient en quantité notable dans un mètre cube de détritus , il pèserait moins qu'un mètre cube de cailloux. Or, nous avons toujours trouvé que le mètre cube de détritus pesait un sixième de plus que celui des matériaux. A l'exemple des chaussées pavées nous pourrions opposer d'autres chaussées pavées très-fréquentées , qui, de mémoire d'homme , n'ont été raclées ni balayées , qui sont sales , il est vrai , mais dont le produit du balayage ne donnerait cependant qu'une quantité annuelle tout à fait insignifiante. Or, tous ces dépôts étrangers à l'usure devraient s'y trouver accumulés , et y former des masses considérables , s'ils avaient réellement l'importance qu'on leur attribue. Les accotements devraient eux-mêmes s'élever et changer de nature ; cependant ils restent ce qu'ils étaient primitivement. Il est vrai que si on soumet un pavage à un balayage fréquent, on peut en tirer une certaine quantité de détritus qui ne sera pas de l'usure.

Voici comment les choses se passent : lorsque la surface du pavé est bien balayée, toute voiture qui arrive dessus, en venant des accotements ou des chemins vicinaux, ne peut que la salir, et lorsqu'elle en sort elle n'en emporte rien ou peu de chose. Ainsi peu à peu le détritus augmente ; mais à mesure que la surface devient plus sale, les voitures en emportent de plus en plus, et enfin autant qu'elles en amènent ; il s'établit alors une espèce d'équilibre entre ce que la surface gagne et ce qu'elle perd, d'où résulte un état de saleté permanent en rapport avec celui des accotements. Si, par exemple, on apportait une grande quantité de boue sur une portion de pavé, elle disparaîtrait au bout de quelque temps, en se partageant sur les surfaces voisines. Si au contraire on la maintient propre, cette portion se salira aux dépens des parties voisines qui s'abaisseront. Nous ne contesterons nullement que les détritus des chaussées qu'on maintient très-propres ne contiennent plus de matières étrangères à l'usure que d'autres, parce que les voitures en amènent toujours sans en emporter ; mais cela est fort peu de chose, et dans tous les cas, bien inférieur à ce qui est emporté par le vent et la pluie. Ainsi, on remarquera que dans une de nos expériences une portion de route est restée soixante-quatre jours sans avoir besoin de main-d'œuvre ; pendant ce temps, le vent et la pluie avaient emporté non-seulement l'usure, mais tout ce que la circulation avait pu apporter.

On trouvera détaillés, à la fin de ce mémoire, les résultats bruts de nos expériences ; mais en les résumant ici nous les ramènerons à l'unité de distance et à l'unité de fatigue. Ce sont deux unités dont l'art de l'entretien ne peut pas se passer, et sur lequel il serait essentiel de s'entendre pour que les divers résultats d'expérience devinssent immédiatement comparables. A défaut de conventions bien établies, voici celles que nous proposons :

La lieue n'est plus aujourd'hui une mesure légale : le mètre est une longueur trop petite et nécessiterait l'emploi d'un trop grand nombre de chiffres. Le kilomètre nous paraît la mesure la plus convenable pour unité de longueur de route, ou unité de distance.

La fatigue des routes devrait se mesurer par le poids transporté ; mais ce poids ne peut guère s'évaluer sur les routes que par le nombre de chevaux attelés ; il est donc plus simple de se servir de ce nombre. Cependant tous les chevaux ne tirent pas le même poids ; il y a des voitures vides, des voitures de maître fort légères. Quelques ingénieurs les négligent complétement ; c'est une erreur, dont les expériences que nous avons faites sur les Champs-Élysées nous ont bien convaincu. Les voitures les plus légères usent les routes et beaucoup plus rapidement qu'on ne le pense généralement. Nous pensons qu'on doit tenir compte de ces colliers pour un tiers. On pourrait ainsi attribuer à chaque espèce de collier une valeur particulière ; mais, comme dans tous les cas on n'arrivera jamais à un résultat précis, nous croyons qu'il faut sacrifier un peu de l'exactitude à la simplicité. Ainsi, pour nous, la fatigue d'une route sera le nombre total de tous les colliers chargés qui la parcourent, plus, le tiers de celui des voitures vides ou des voitures de maître, et pour éviter les fractions, nous prendrons pour unité le cent de colliers.

Voici maintenant rassemblés et comparés les résultats de nos expériences de deux années :

| INDICATION des routes. | Numéros des expériences. | Fréquentat. journalière exprimée par le nombre des colliers. | 1838-1839. USURE | | 1839-1840. USURE | | OBSERVATIONS. |
|---|---|---|---|---|---|---|---|
| | | | par kilomètre. | pour 100 colliers. | par kilomètre. | pour 100 colliers. | |
| 1 | 2 | 3 | 4 | 5 | 6 | 7 | 8 |
| | | | mèt. | mèt.c. | mèt. | mèt.c. | |
| Route royale n° 23, de Paris à Nantes. | 1 | 195 | 114.25 | 58.59 | 113.35 | 58.13 | |
| | 2 | 230 | 139.50 | 60.65 | 133.25 | 57.94 | |
| | 3 | 230 | 137.35 | 59.72 | 133.25 | 57.94 | |
| Route royale n° 157, de Blois à Laval. | 4 | 35 | 79.25 | 226.43 | 49.90 | 142.57 | (a) |
| Route départem. n° 4, de Château-du-Loir à Montoire. | 5 | 70 | 58.85 | 84.07 | 41.15 | 58.79 | |
| Route dép. n° 6, de la Ferté-Bernard à Tours. | 6 | 30 | 24.10 | 80.33 | 12.60 | 42.00 | |
| | 7 | 30 | 23.00 | 76.66 | 16.75 | 55.83 | |
| Totaux. . . . . | . . . | 820 | 576.30 | 70.27 | 500.25 | 61.00 | (b) |

(a) Le chiffre 142.57 est une anomalie due probablement à une erreur sur la fréquentation.

(b) 55.10 , au lieu de 61.00 , en négligeant la quatrième expérience.

En jetant encore un coup d'œil sur les colonnes 5 et 7 , où, pour chacune des années, l'usure est ramenée à l'unité de fatigue , on voit que la première année , dans les expériences 4 , 5 . 6 . 7 , l'usure est plus considérable que dans les expériences 1 , 2 , 3 ; peut-être restait-il encore dans ces parties trop d'anciens détritus. On remarquera, en effet , que dans ces quatre expériences il ne s'agit que de routes à très-faible fréquentation et où l'amélioration de la chaussée a dû être plus lente ; la seconde année , il n'y a plus guère que l'expérience 4 qui présente une anomalie ; elle vient sans doute d'une erreur sur le chiffre de fréquentation , d'autant plus difficile à déterminer exactement qu'il est plus faible, parce qu'il est alors très-variable d'un moment à l'autre de l'année. En écartant

cette expérience, qui donnerait au reste une **usure plus**
considérable, on voit que les six autres donnent une
moyenne de 55$^{m.c.}$.oo par centaine de colliers dont elles
ne s'écartent guère. Il s'agit ici de 55$^{m.c.}$.oo de détritus
qui, d'après les poids comparés des matériaux, représen-
teraient un sixième en sus de matériaux. Mais, à cause des
matières étrangères que ces détritus peuvent contenir,
nous ne tiendrons pas compte de cette correction ; nous
réduirons même, si on veut, cette mesure de 55$^m$.oo à
5o$^m$.oo : il n'en résultera pas moins que cette usure ne dif-
fère pas beaucoup de la quantité de matériaux qu'on em-
ployait autrefois, et qu'elle n'est guère que le quart de
ceux qu'on emploie aujourd'hui ( *voir* le tableau général).

Nous ne cesserons donc de répéter : les **chaussées sur**
lesquelles on opère sont bombées; en les laissant s'user
sans y mettre de matériaux, on les rend plus roulantes
pour les voitures ; ou améliore leur profil ; on met en valeur un capital stérilement enfoui dans une épaisseur inutile ; on fait, avec les économies momentanées que procure
ce système, des élargissements de chaussées, des trottoirs,
des pavages dans les traverses ; on remplace des cassis par
des aqueducs, etc., etc. ; en un mot, on tire de la situation actuelle des routes et du crédit qui y est affecté, le
parti le plus utile pour le public ; mais *on n'entretient*
*pas ;* et les chiffres qu'on produit et qui représentent les
dépenses de ces travaux, n'ont aucune espèce de rapport
avec celui de l'entretien normal.

Il est facile du reste de se rendre compte de ce que deviennent des chaussées ainsi traitées. Si l'usure est de
5o$^m$.oo par kilomètre, ce qui correspond à la fréquentation moyenne de ces routes, et qu'on ne la remplace que
par 12$^m$.oo à 15$^m$.oo, on a une perte de 35$^m$.oo à 38$^m$.oo
qui ne représente en chaussée qu'une trentaine de
mètres cubes ou une usure définitive de o$^m$.oo5 d'é-
paisseur par an. Or, des sondes nombreuses ont établi,

dites-vous, que dans les parties réputées les plus mauvaises, les bordures se trouvaient enterrées à 0ᵐ.3o ou 0ᵐ.4o de profondeur. Vous en avez donc, même avec ce système d'entretien, pour soixante et quatre-vingts ans avant d'apercevoir les bordures dans ces parties ; et là où la chaussée toute de gravier atteint jusqu'à 1ᵐ.5o de hauteur, vous en auriez à la rigueur pour trois siècles.

Parmi les autres résultats qui ressortent de ces expériences, nous devons signaler celui que donne la comparaison de l'usure de l'été et de l'hiver. A l'aide des tableaux détaillés, placés à la fin de ce mémoire, on peut séparer l'usure qui appartient aux mois d'octobre, novembre, décembre, janvier, février, mars, de celle qui appartient aux autres mois, et on arrive ainsi aux résultats suivants :

| INDICATION des routes | Numéros des expériences. | Fréquentation. | 1838-1839. USURE | | | 1839-1840. USURE | | |
|---|---|---|---|---|---|---|---|---|
| | | | d'été. | d'hiver. | totale. | d'été. | d'hiver. | totale. |
| 1 | 2 | 3 | 4 | 5 | 6 | 7 | 8 | 9 |
| | | colliers | | | | | | |
| Route royale | 1 | 195 | 85.70 | 28 55 | 114.25 | 63.3o | 5o.o5 | 113.35 |
| n° 23, | 2 | 23o | 87.75 | 51.75 | 139.5o | 73.o5 | 6o.2o | 133.25 |
| de Paris à Nantes. | 3 | 23o | 75.85 | 61.5o | 137.35 | 73.55 | 59.7o | 133.25 |
| Route royale n° 157, de Blois à Laval. | 4 | 35 | 49.75 | 29.5o | 79.25 | 31.7o | 18.2o | 49.9o |
| Route départem. n° 4, de Château-du-Loir à Montoire. | 5 | 7o | 42.35 | 16.5o | 58.85 | 27.95 | 13.2o | 41.15 |
| Route départem. n° 6, de la Ferté-Bernard | 6 | 3o | 17.8o | 6.3o | 24.1o | 7.3o | 5.3o | 12.6o |
| à Tours. | 7 | 3o | 15.25 | 7.75 | 23.oo | 10.oo | 6 75 | 16.75 |
| Totaux . . . . | . . . . | 82o | 374.45 | 201.85 | 576.3o | 286 85 | 213.4o | 5oo.25 |

D'après ces expériences, en représentant l'usure annuelle par *un*, elle aurait été :

En 1838-1839 : l'été, 0.65 ; l'hiver, 0.35.
En 1839-1840 : l'été, 0.57 ; l'hiver, 0.43.

Contrairement à notre attente, l'usure de l'été s'est trouvée beaucoup plus considérable que celle de l'hiver ; et ici nous ne pouvons nous empêcher de faire remarquer de suite, qu'il résulte de ce fait une nouvelle preuve que le détritus que nous avons recueilli dans ces expériences ne contient que fort peu de matières étrangères, car la saison qui en amène le plus sur les chaussées, soit des bermes, soit des chemins aboutissants, est sans contredit l'hiver. Si donc elles entraient pour une partie notable dans ces détritus, elles auraient renversé la proportion que nous venons de signaler.

Cette usure, plus considérable en été qu'en hiver, s'est maintenue dans toutes ces expériences. Sur les routes fréquentées comme sur celles qui le sont peu, le résultat est le même.

Je crois qu'on peut encore tirer de ces expériences cette conséquence : que l'usure d'une surface unie, que cette usure de frottement, qu'on veut considérer comme fort peu de chose, se trouve précisément la plus considérable dans le moment où la chaussée est plus dure et plus unie ; ces qualités d'une chaussée sont donc des avantages qui se payent chèrement.

Il ne faut pas oublier qu'il s'agit de routes soumises à un système d'enlèvement continu de détritus, seul système qui puisse donner des routes constamment bonnes, et qui se prête d'ailleurs à ce genre de comparaison ; car, comme nous l'avons dit, sur une mauvaise route, sur une route à grand excès de détritus, on peut en enlever autant qu'on veut et quand on veut. On ne peut donc guère savoir quel est le produit exact de chaque saison et même le produit de l'année.

Les détails de ces expériences, tels qu'ils se trouvent à la fin de ce mémoire, peuvent fournir quelques autres résultats qui ne sont peut-être pas sans intérêt, mais que nous ne ferons qu'indiquer.

En calculant l'usure quotidienne sur la même partie de route, on trouve des résultats très-discordants; cela tient à ce que le détritus formé ne s'enlève pas toujours avec la même facilité. Un peu de pluie survenue avant le balayage en diminue considérablement le produit; un peu de vent peut empêcher le racloir d'enlever toute la boue qu'il devrait enlever. C'est par la même raison que les nettoyages ne se succèdent pas à des intervalles égaux, et ne donnent pas tous le même produit; le détritus existant réellement à la surface, se trouvant dissimulé ou exagéré à l'œil par la consistance que les intempéries lui ont donnée. Le nombre d'opérations varie sensiblement d'une année à l'autre; il est plus considérable, proportion gardée, sur les routes peu fréquentées que sur les routes plus fréquentées, etc., etc.

Avant de quitter ce système d'expérience que nous n'avions d'abord entrepris que pour nous rendre compte de quelques résultats des méthodes que nous mettions en pratique pour la première fois, nous croyons devoir le recommander à tous ceux qui s'occupent d'entretien de routes. Nous n'avons pas la prétention de lui avoir donné toute la perfection dont il est susceptible; nous croyons au contraire, qu'étant employé, il recevra beaucoup d'améliorations. Quoi qu'il en soit, la pratique la plus ordinaire de l'entretien des routes ne peut plus se passer des résultats que nous avons demandés à ce système d'expérience. Dans une entreprise qui consiste à entretenir annuellement un certain massif de pierres, on ne peut pas tenir compte seulement de ce qu'on met, il faut savoir aussi ce qu'on ôte. Certes, il y a des cas où il faut ôter plus qu'on ne met, d'autres où il faut mettre plus qu'on n'ôte; mais il faut toujours savoir ce qu'on fait. Agir autrement, c'est agir en aveugle. Il n'y aura réellement de comptabilité d'entretien des routes que quand on pourra rendre compte de ce qui a été usé et enlevé, car ces matériaux et non pas ceux qu'on a mis, constituent réellement la dépense ; il n'y aura de bonne répartition des crédits que quand on connaîtra la consommation de chaque route. Ce qui va suivre démontrera au reste la nécessité de ce renseignement.

En résumé, il n'y a dans les derniers perfectionnements qu'a pu subir l'entretien des routes, d'autre économie réelle et incontestable que celle qu'on a trouvée à chaque amélioration : une diminution dans l'épaisseur nécessaire à la chaussée. Dès qu'on peut arrêter les dégradations à quelques centimètres de la surface, il est bien évident qu'une épaisseur d'une dizaine de centimètres devient suffisante. Si tous les ingénieurs ne sont pas d'accord sur ce point, cela tient à ce qu'on ne considère pas les choses du même point de vue. Nous parlons ici d'une chaussée prise, et les partisans des chaussées épaisses prennent toujours leurs exemples dans les chaussées neuves. Il est bien certain que si vous mettez 0$^m$.10 de pierre cassée sur de certains terrains, sur de la glaise, sur de l'argile, ce massif pourra être coupé, tranché et par conséquent enfoncé dans le sol et complétement perdu. Il laissera en effet passer les eaux de pluie à peu près comme s'il n'existait pas ; mais un massif de pierres cassées, n'est pas plus une chaussée, que des pavés jetés au hasard dans la forme ne sont un pavage. Il y manque la compression, le détritus, le gravier, qui doivent serrer les matériaux, boucher les interstices et faire de l'ensemble le *toit* imperméable de Mac-Adam, toit qui doit mettre le sol à l'abri des intempéries. Sur ces terrains il faut donc faire ou des chaussées immédiatement prises ou des chaussées épaisses. En laissant ces dernières s'user, on reconnaît que ce n'était pas l'épaisseur qui était nécessaire, mais l'imperméabilité. Aussi considérons-nous comme très-économiques tous les procédés artificiels qui tendent à opérer immédiatement la prise des chaussées ; non-seulement ils dispensent d'une

main - d'œuvre difficile, non-seulement ils préviennent
l'écrasement des matériaux en fournissant immédiatement
le sable et le détritus nécessaires, mais ils permettent de
faire des chaussées moins épaisses sur quelques terrains
exceptionnels.

Il faut remarquer que l'économie de construction équi-
vaut à une économie d'entretien ; ainsi dans les chaussées
citées pour exemple, il y a presque partout un excédant
de $2^{m.c.}.oo$ à $3^{m.c.}.oo$ de matériaux par mètre courant.
Or, ces matériaux évalués en argent constituent un capital
inutile de 8 000 fr. par kilomètre, dont le revenu 4oo fr.
est précisément ce que coûte aujourd'hui l'entretien de
ces chaussées, y compris main-d'œuvre. Partout le résultat n'est pas aussi avantageux ; mais partout il y a un
bénéfice qui n'est certes pas à négliger. Lorsqu'on met
$o^{m}.3o$ d'épaisseur là où $o^{m}.1o$ suffiraient, on enfouit un
capital inutile de $o^{m}.2o$, dont l'intérêt $o^{m}.o1$ représente
l'usure qui correspond à cent colliers, fréquentation bien
supérieure à celle de beaucoup de routes. Il est donc juste
de tenir compte au système de cette économie de construction ; et, comme nous ne cherchons ici que la vérité, nous
croyons devoir insister d'autant plus sur cet article, que
nous nous sommes montré plus sévère sur ce qui nous a
paru erroné ou exagéré.

On objecte encore contre les chaussées minces, que le
défaut de soin peut les rendre impraticables, tandis que
les chaussées épaisses ne deviennent que mauvaises en
pareil cas. Cela est vrai. Qu'on fasse donc épaisses les
routes qu'on a l'intention d'entretenir mauvaises, et minces
celles qu'on veut avoir bonnes. On dit encore qu'il est
d'une bonne administration de prévoir les guerres, les
moments de gène pour le trésor, enfin l'insuffisance des
crédits pendant les mauvaises années ; soit, mais au lieu
d'enfouir cette réserve de matériaux dans une forme profonde où vous serez obligé de l'aller chercher par des ter-

rassements dispendieux sur les bermes , n'est-il pas plus simple de la déposer sur les accotements pour vous en servir en cas de besoin ? Il est vrai qu'alors cette spéculation , apparente à tous les yeux , ne pourrait peut-être pas résister à la juste critique du public , qui demanderait compte des millions qu'on lui ferait perdre annuellement par les intérêts de ce capital stérile.

Enfin , et ce sera ici la dernière considération que nous ferons valoir en faveur des chaussées minces , c'est qu'elles peuvent peut-être donner la solution du problème qui est encore à résoudre dans l'entretien des routes. Nous avons dit tous les soins minutieux que réclame l'emploi des matériaux sur les bonnes routes , combien l'écrasement des matériaux y est difficile à éviter. Il y a aussi quelque chose d'irrationnel à mettre des matériaux sur les chaussées pour leur conserver une certaine épaisseur de convention. Dès que la route est bonne , dès que vous ne l'améliorez pas par l'emploi , attendez le moment où le besoin s'en fera réellement sentir , ce n'est qu'alors que vous serez arrivé à l'épaisseur nécessaire ; alors le sol cédera sur les points les plus usés , les flaches seront plus prononcées , le fond et les bords n'auront pas besoin d'être décapés , la prise sera facile , et vous n'aurez pas le regret d'avoir fait un travail dont le résultat le plus immédiat sera d'avoir rendu la route moins bonne.

2ᵉ PARTIE. *Évaluation des dépenses de l'entretien normal des routes.*

Nous arrivons maintenant à l'objet spécial de ce mémoire , qui est de poser les bases sur lesquelles les dépenses d'entretien des routes doivent être évaluées ; de rechercher les éléments de ce calcul , et d'indiquer par quelles opérations on doit arriver au résultat. Bien entendu qu'il ne s'agit que de l'entretien normal, de celui qui maintient les routes bonnes et restitue exactement l'usure.

Je crois devoir renouveler ici, à propos de ces principes, ce que j'ai dit des résultats d'expériences et des divers chiffres employés dans ce mémoire ; il ne peut être question ici de lois, de chiffres, de théorèmes aussi rigoureux, aussi exacts que ceux de la géométrie ; il ne s'agit que d'approximations suffisantes pour guider la pratique.

En mettant à l'écart quelques influences tout à fait secondaires, telles que la largeur des routes, leurs pentes, le climat, l'exposition, les plantations, etc., etc, on peut réduire à quatre les circonstances qui influent sur les dépenses d'entretien des routes : ce sont la fréquentation, la qualité des matériaux, leur prix et celui de la main-d'œuvre. Nous allons les examiner successivement et chercher à déterminer leur influence d'une manière assez précise pour être calculée.

La dépense d'entretien est proportionnelle à la fréquentation des routes.

Il suffit à peu près d'énoncer ce principe pour le démontrer.

On voit de suite qu'une route sur laquelle les mêmes voitures passeraient deux fois, coûterait à entretenir le double de celle sur laquelle ces voitures ne passeraient qu'une. Il y aurait sur la première deux fois plus de matériaux d'écrasés, par conséquent il faudrait en mettre deux fois davantage ; enfin il faudrait deux fois plus de cantonniers pour les mettre et les ôter. Nous devons signaler cependant quelques limites de ce principe : le cantonnier n'a pas absolument que des matériaux à mettre, de la boue et de la poussière à enlever ; il est chargé de maintenir les terrassements de la route, d'entretenir les talus, de dégager les aqueducs, de dégazonner les bermes ; travaux qui font une très-petite partie de sa tâche sur une route fréquentée, mais qui deviennent plus considérables pour une route peu fréquentée où le canton devient très-long. Il est clair, par exemple, que si la route était barrée, que la

circulation devînt nulle, il faudrait encore quelques can
tonniers pour maintenir les terrassements. Ainsi, près de
cette limite extrême, le principe serait faux ; mais il ne
faut pas s'en écarter beaucoup pour qu'il devienne vrai,
parce que si la route peu fréquentée a pour le cantonnier
ce désavantage de lui donner plus de travaux accessoires
et d'augmenter la distance du transport des matériaux aux
endroits où ils doivent être placés, la route plus fréquentée a d'autres inconvénients qui viennent bien vite les
compenser. Ainsi, par exemple, lorsqu'il y a des intempéries telles que les cantonniers ne puissent pas travailler
pendant un jour ou deux, ou ne travailler que quelques
heures pendant cinq ou six jours, il pourra bien survenir
des dégradations sur la route fréquentée, parce que pendant cet intervalle de temps il y aura eu un passage de
1000 colliers, tandis que sur la route peu fréquentée le
passage de 200 colliers n'aura pas suffi pour produire le
même résultat : il faudra, sur la première, avoir recours à
des auxiliaires, tandis que l'autre pourra s'en passer. Cet
inconvénient est assez grave pour que nous pensions qu'il
y a plus d'avantage, toutes autres circonstances égales d'ailleurs, à entretenir deux routes fréquentées à 200 colliers,
qu'une fréquentée à 400 colliers. C'est en vertu de ce même
principe qu'on trouve qu'il n'en coûte pas plus, et peut-être
même moins, pour entretenir une chaussée large qu'une
chaussée étroite. Ainsi la dépense d'entretien d'une route
doit s'évaluer au mètre courant et non pas au mètre quarré.

Quoi qu'il en soit, lorsqu'on ne veut pas avoir égard à
tous les détails et aux limites extrêmes, on peut poser le
principe : que la dépense d'entretien est proportionnelle
à la fréquentation.

La qualité des matériaux influe sur cette dépense absolument de la même manière que la fréquentation.

Tous les matériaux employés pour l'entretien des routes
ne s'y comportent pas de même : les uns résistent, se ran-

gent parfaitement, et forment une mosaïque serrée sur laquelle la boue, la poussière, sont longtemps paraître; les autres se divisent facilement en boue et en poussière, quoique se liant fort bien, parce qu'ils sont tendres, etc. En résumé, si l'on a 2 kilomètres d'égale fréquentation à entretenir, l'un ayant de fort bons matériaux pourra user, c'est-à-dire donner $100^{m\cdot c\cdot}$ d'usure; tandis que l'autre en donnera 150, si les matériaux sont médiocres, 200 s'ils sont mauvais, et 300 s'ils sont très-mauvais. Mais ce serait une erreur de croire que là s'arrêtera l'influence de ces matériaux, c'est-à-dire qu'on en sera quitte pour mettre $150^m.00$, $200^m.00$ ou $300^m.00$ au lieu de 100; que si les bons valent 6 fr., on peut les remplacer sans perte par $200^m.00$ mauvais à 3 fr. Il est clair, en effet, qu'en même temps qu'on doublera le nombre des matériaux, il faudra doubler le nombre des cantonniers, puisqu'on aura doublé leur ouvrage, qu'on leur aura donné deux fois plus de matériaux à mettre, deux fois plus de détritus à enlever. La qualité des matériaux influe donc aussi sur la main-d'œuvre, et dans un rapport direct, lorsqu'on convient de représenter cette qualité par l'usure. On ne s'est peut-être pas toujours exactement rendu compte de cette circonstance dans la comparaison qu'on a faite des qualités des matériaux, et on a peut-être trop souvent donné la préférence à des matériaux moins bons et moins chers. Nous essayerons tout à l'heure de faire apprécier la grande influence de la qualité des matériaux par un exemple numérique. Nous ajouterons que la mauvaise qualité des matériaux a en outre tous les inconvénients de la fréquentation que nous signalions tout à l'heure : en employant de mauvais matériaux, même dans les conditions voulues pour qu'il n'y ait pas de perte pécuniaire, on rend les dégradations plus rapides, plus faciles; les routes plus sales, plus boueuses.

Cette considération essentielle de la qualité des matériaux exige une convention nouvelle dans l'art de l'entretien des routes ; il faut qu'elle puisse s'exprimer par un chiffre qui lui serve de mesure. Il ne suffit pas de dire pour s'entendre que les matériaux sont bons , médiocres ou mauvais : ce qu'il y a de mieux à faire , c'est de les juger par le résultat, et d'exprimer cette qualité par l'usure qui correspond à l'unité de fatigue et à l'unité de distance. Si un kilomètre fréquenté à 100 colliers donne une usure de $50^m.00$ de pierres , on dira que la qualité des matériaux est de 50 ; s'il en use $80^m.00$ , 80 exprimera cette qualité. Il pourra bien se faire que des pierres de natures physiques ou géologiques très-différentes aient le même chiffre de qualité ; mais nous ne considérons ici que leur valeur par rapport à l'entretien des routes.

Si on connaît la fréquentation d'une route et la qualité des matériaux, on en déduit immédiatement l'usure. Ainsi, si la fréquentation est de 250 colliers, et la qualité 60, l'usure sera , d'après les conventions ci-dessus, de $150^{m.c.}.00$, et en général le produit du chiffre de la fréquentation par celui de la qualité.

Le prix des matériaux et celui de la main-d'œuvre n'ont pas , sur les dépenses d'entretien , une influence qu'il soit aussi facile d'apercevoir de suite que celle de la fréquentation et de la qualité des matériaux. Si le prix des matériaux vient à doubler, la dépense augmente nécessairement, mais ne double pas , si le salaire des cantonniers reste invariable ; il en est de même pour une augmentation de main-d'œuvre , lorsque le prix des matériaux ne change pas. Pour se rendre compte d'une manière précise de l'influence de ces deux quantités , il suffit de remarquer que le mètre cube apporté sur la route, et qui coûte, par exemple, 6 fr., y est employé par le cantonnier , puis retiré par lui , soit en boue , soit en poussière ; de sorte qu'une fois complétement usé, son prix de revient a été augmenté de la main-d'œuvre que le cantonnier y a ajoutée. Cette main-d'œuvre est une fraction de son temps , et par conséquent peut s'exprimer par une fraction de son salaire. Si on suppose, par exemple, qu'un cantonnier puisse dans son année employer 200$^{m.c.}$.oo et les retirer en boue et en poussière, il est clair que cette main-d'œuvre coûtera 2 fr. si le salaire annuel est de 4oo, 2$^{fr.}$.5o s'il est de 5oo, etc. Si le prix des matériaux apportés sur la route était de 6 fr., il deviendrait de 8 fr. ou de 8$^{fr.}$.5o après l'emploi et l'enlèvement par les cantonniers. La dépense d'entretien est évidemment proportionnelle au prix des matériaux usés. Ce prix est facile à calculer, comme on vient de le voir ; il suffit de connaître une fois pour toutes ce qu'un cantonnier peut employer de matériaux dans une année en enlevant la quantité correspondante de boue et de poussière ; on en déduit alors la valeur de cette main-d'œuvre, qu'on ajoute au prix des matériaux. Or, sans avoir de données bien précises à citer à l'appui de notre opinion, nous croyons que la tâche du cantonnier doit être à peu près de 200$^{m.c.}$ par an : inutile de répéter qu'une foule de causes secondaires peuvent faire varier encore ce nombre de 2oo. Ainsi, on ne pourrait peut-être pas employer 2oo$^{m}$.oo de cailloux très-durs et arrondis, et on emploierait plus de calcaires cassés tendres ; le cantonnier emploierait plus sur une route fréquentée qui rassemblerait sa tâche sur un court espace, que sur une route peu fréquentée qui l'éparpillerait sur une grande longueur ; mais nous pensons que ce nombre 2oo doit représenter assez exactement la tâche moyenne des cantonniers. L'emploi du mètre cube de matériaux peut donc s'évaluer à $\frac{1}{2oo}$ du salaire annuel du cantonnier.

A l'aide des trois principes que nous venons de poser, il est facile de calculer approximativement la dépense de l'entretien normal d'une route ; nous venons d'établir en effet qu'elle est proportionnelle :

1° A la fréquentation ;
2° A la qualité des matériaux ;
3° Au prix des matériaux usés

Elle sera donc exprimée par le produit de ces trois quantités. Quelques exemples rendront ceci fort clair.

Supposons une route fréquentée à 100 colliers, sur laquelle la qualité des matériaux ou l'usure par kilomètre et par 100 colliers soit de 50$^{m.c.}$.00 :

Le prix des matériaux cassés de 3 fr. ;

Le salaire des cantonniers de 400 fr., par conséquent l'emploi du mètre de 2 fr.

D'après ce qu'on vient de dire, la dépense sera exprimée par $1 \times 50 \times 5$ ou 250 fr. par kilom. La route usera en effet 50$^{m.c.}$.00 par kilomètre, et chaque mètre reviendra à 5 fr.

Prenons d'autres données :

Fréquentation. . . . . 250 colliers ;

Qualité. . . . . . . . 70$^{m}$.00 ;

Prix des matériaux. . 7$^{fr.}$.20 ;

Salaire des cantonniers 520 fr. ou 2$^{fr.}$.60 emploi du mètre.

Dans ce cas, la dépense sera exprimée par

$$2.50 \times 70 \times 9.80 = 1715 \text{ fr. ;}$$

la route usera en effet 175$^{m.c.}$.00 par kilomètre, qui coûteront 9$^{fr.}$.80.

On est donc à même maintenant de connaître assez approximativement la dépense d'entretien d'une route, lorsqu'on connaît quatre données essentielles, la fréquentation, la qualité des matériaux, leur prix et celui de la main-d'œuvre. Les deux premières données sont, il est vrai, assez difficiles à évaluer. La fréquentation ne peut s'obtenir qu'à l'aide de comptages souvent répétés ; et on ne peut arriver à un grand degré d'exactitude, parce que chaque espèce de collier a une influence sur l'usure de la route qui n'est pas bien connue ; parce que cette influence dépend aussi de la saison ; ainsi, il y a des routes fréquentées l'hiver, d'autres l'été ; enfin, la qualité des matériaux ne peut guère s'évaluer qu'à la vue et par comparaison ou par des expériences faites en petit. Sans exclure l'emploi de ces données élémentaires, qui sont d'ailleurs souvent les seules dont on puisse disposer, nous croyons devoir insister de nouveau sur les expériences qui donnent directement l'usure des routes; en soumettant à des expériences semblables à celles que nous avons décrites plusieurs kilomètres de chaque route, là où la fréquentation et la qualité des matériaux changent, on arrivera à connaître directement l'usure sur chaque point. Remarquons que par ce procédé on tient compte de toutes les circonstances qui influent sur cette usure et que nous avons été obligé de négliger, telles que le climat, l'exposition, etc.

On saura donc, aussi exactement que possible, ce qu'il faudra mettre de matériaux sur chaque point. Quant au nombre des cantonniers, il résulte immédiatement de celui des matériaux. Nous avons dit plus haut que la tâche moyenne était de 200$^{\text{m. c.}}$.oo; on le déterminera donc en divisant par 200 le nombre de mètres usés. On obtiendra de la même manière la longueur de la station.

Il faut remarquer, en effet, que la tâche annuelle du cantonnier est toujours, quelle que soit la fréquentation, quelle que soit la nature des matériaux, entre certaines limites, l'emploi complet du même nombre de mètres cubes. Ainsi, la longueur de la station ne peut se déterminer uniquement par la considération de la fréquentation, comme quelques ingénieurs l'ont proposé; elle doit se calculer d'après l'usure. Si on fait abstraction de la qualité des matériaux, il peut se trouver qu'on donne à un de ces ouvriers deux et trois fois la quantité d'ouvrage qu'aura son voisin dont les matériaux seront meilleurs. C'est ici peut-être le lieu de donner un exemple de la manière dont nous pensons que doit être résolue la question du choix des matériaux, lorsque ceux dont on peut disposer sont de qualités et de prix différents. C'est un problème qu'on est obligé de résoudre à chaque instant sur les routes, parce qu'on s'éloigne de certaines carrières et que l'on se rapproche d'autres. Il est très-important de déterminer les limites entre lesquelles chaque espèce de matériaux doit être employée.

Or, cela résulte évidemment des principes que nous avons posés, puisque pour résoudre la question il suffit de calculer l'entretien du kilomètre dans les deux hypothèses. Ainsi, supposons qu'on ait le choix entre de bons matériaux usant 50$^m$.00 par kilomètre et coûtant 6 fr., et de mauvais matériaux usant 100$^m$.00 par kilomètre, et coûtant 2 fr. Si dans la localité l'emploi des matériaux coûte 2$^{fr}$.50, les prix définitifs seront 8$^{fr}$.50 et 4$^{fr}$.50, et les dépenses d'entretien seront :

> Pour les bons matériaux, 50$^m$.00 × 8$^{fr}$.50     425 fr.
> Pour les mauvais,     100$^m$.00 × 4$^{fr}$.50     450 fr.

Ainsi, quoique le prix des bons soit triple de celui des mauvais; et qu'ils ne soient que deux fois meilleurs, il y aura de l'économie à les employer. Ce calcul est trop simple pour que nous insistions davantage sur cette question; nous n'avons voulu, par cet exemple, que faire ressortir la grande influence de la bonne qualité des matériaux sur les dépenses d'entretien ; nous ajouterons encore qu'à dépense égale et même un peu supérieure, il faut préférer les bons aux mauvais. Accumuler les matériaux et la main-d'œuvre, c'est augmenter les difficultés de la tâche qu'on a à remplir et le nombre de fautes qui ne manquent jamais de se commettre dans un service qui emploie autant d'ouvriers isolés.

D'après ce que nous avons dit plus haut sur le nombre à peu près constant de matériaux que chaque cantonnier doit avoir, en dressant le tableau des cantonniers d'un département ou même de plusieurs départements, et mettant en regard la quantité de matériaux dont chacun peut disposer pendant l'année, on peut se rendre compte de la bonté de la répartition du travail qu'on a faite entre eux : car cette quantité doit être la même pour tous : si elle ne l'est pas, cela tiendra à des erreurs ou à des circonstances locales sur lesquelles l'attention sera appelée et qu'on devra s'attacher à apprécier. Mais cette vérification n'est plus possible, ou du moins ne peut plus se faire de la même manière, lorsqu'on fait casser tout ou partie des matériaux par les cantonniers; il est évident d'abord que ce système ne change rien à la répartition des crédits et des matériaux, il faut toujours mettre sur chaque kilomètre une quantité équivalente à l'usure, et le prix définitif des matériaux employés reste le même; mais la répartition de la main-d'œuvre change évidemment: elle se complique du temps que demande chaque mètre cube pour être cassé par le cantonnier. D'après les bases que nous avons posées plus haut, un cantonnier emploie 200ᵐ.oo par an, ou par trois cents jours de travail; c'est donc une journée et demie par mètre. Or, s'il faut un jour, un jour et demi, deux jours pour le cassage, chaque mètre lui demandera donc deux jours et demi, trois jours, trois jours et demi pour cassage et emploi, et on ne pourra plus lui en donner dans son année de trois cents jours que cent vingt, cent, ou quatre-vingt-cinq. Si on a adopté un système intermédiaire, et qu'on ne veuille plus faire casser qu'un nombre déterminé de mètres, 30 par exemple; si ce cassage demande soixante journées, il n'en restera plus que deux cent quarante pour l'emploi, qui ne pourront plus suffire que pour 160ᵐ.oo de pierres. La longueur des stations se déduira d'ailleurs très-facilement de l'usure de la route; ainsi dans ce dernier cas, si elle était de 80ᵐ.oo par kilomètre, la station serait de 2 kilomètres.

Ce sont là les bases rationnelles d'une première répartition; mais dans la pratique on pourra encore arriver à une plus grande approximation. En suivant attentivement le travail des cantonniers et le comparant à l'état de la route, on arrivera ainsi peu à peu, par une série de tâtonnements, à une répartition parfaitement égale du travail. Là où le cantonnier travaille toujours et ne suffit pas complétement à arriver au même résultat que ses voisins, il est évident qu'il faut raccourcir son canton; là où la route est toujours belle et où le cantonnier se trouve toujours au courant, on peut au contraire l'allonger; on arrive ainsi, par une série de tâtonnements, à proportionner la main-d'œuvre au travail que demande la route. C'est là pour les ingénieurs et les agents sous leurs ordres un objet d'étude continuel dont rien ne peut les dispenser, mais dans laquelle ils peuvent être utilement guidés par les raisonnements et les calculs que nous venons d'indiquer.

Tout ce que nous venons de dire s'applique à l'entretien normal; nous avons vu qu'on peut maintenir les routes fort bonnes en y mettant moins de matériaux qu'elles n'en usent : on économise alors et les matériaux qu'on ne met pas et la main-d'œuvre nécessaire pour les mettre. On peut alors régler et répartir ses dépenses sur chaque point d'une manière rationnelle, suivant le résultat qu'on veut obtenir. Si la route use $200^{m}.00$ par kilomètre et qu'on n'en mette que $100^{m}.00$, on diminuera la main-d'œuvre de manière à ce que le cantonnier ait, par exemple, $125^{m}.00$ à employer et $250^{m}.00$ de boue et de poussière à enlever. Si on veut au contraire épaissir la chaussée en la maintenant toujours bonne, on fera une répartition inverse; mais l'un ou l'autre de ces systèmes ne peuvent être considérés que comme des exceptions qui ne peuvent avoir qu'une durée limitée, puisqu'ils modifient incessamment l'épaisseur de la chaussée.

Nous venons de nous occuper des dépenses que nécessite l'entretien des routes en bon état; malheureusement les ingénieurs ont plus souvent à résoudre le problème inverse, c'est-à-dire de déterminer le système d'entretien qu'il faut appliquer pour les dépenses dont ils peuvent disposer. Si elles ne diffèrent pas beaucoup de celles qui conviennent à l'état normal, le système à appliquer et l'état des routes ne s'en éloignent pas beaucoup non plus, car c'est une des lois générales de la perfection, beaucoup plus exacte que celle qu'on a mise en avant, de donner des degrés de beauté qui en diffèrent très-peu lorsqu'on nè fait que s'écarter légèrement des conditions nécessaires pour la produire. Si au lieu d'avoir 1 000 fr. vous n'avez que 900 fr., vous pourrez maintenir vos routes bonnes, sinon parfaites; il faudra tolérer un peu de boue, un peu de poussière, quelques légers frayés. Si vous avez encore un peu moins, vous en tolérerez davantage, vous ferez casser moins fin, il faudra attendre des flaches plus profondes, le roulage souffrira davantage; cependant la viabilité ne sera pas encore sérieusement compromise.

A mesure que le crédit diminue, la tâche devient de plus en plus difficile, et au delà d'une certaine limite nous la croyons impossible. Il est bien certain qu'il existe un système d'entretien qui correspond à chaque crédit, dont la base est toujours de n'enlever en détritus que l'équivalent des matériaux. Mais, comment déterminer cette quantité; quand et comment doit se faire cet enlèvement de détritus. Il est évident en effet qu'il y aura souvent beaucoup de boue qu'il faudra se garder d'enlever, puisqu'on ne pourra pas la remplacer; des ornières qu'il ne faudra pas rabattre, parce que tracées dans un terrain mou elles seraient reproduites le lendemain, et que ce serait par conséquent une main-d'œuvre perdue; des trous qu'il ne faudra pas boucher, car on n'aura pas de matériaux pour mettre dans de plus profonds qui se formeront plus tard. Quel œil assez exercé pourra s'apercevoir que la route est juste aussi mauvaise qu'elle doit l'être? Chaque espèce de matériaux, chaque fréquentation, chaque crédit, aura sa règle et son système. Il y aura des principes pour les routes en médiocre état, d'autres pour les mauvaises; il y en aura pour l'hiver, et il y en aura pour l'été. Si la route doit être mauvaise, si elle doit être couverte de boue,

sillonnée d'ornières, comment distinguer le cantonnier
qui travaille bien de celui qui ne travaille pas, le conducteur qui surveille de celui qui ne surveille pas, et
enfin l'ingénieur qui dirige bien de celui qui dirige mal.
Il n'y a plus alors ni système, ni principe, ni surveillance,
ni direction, ni responsabilité : il y a partout désordre,
abus, négligence. De sorte qu'il devient même impossible
de tirer du peu d'argent qu'on a, tout le parti qu'on en
pourrait rigoureusement tirer. Sur la route entretenue en
bon état, au contraire, les principes sont simples et clairs,
le système est parfaitement arrêté ; il n'y a jamais de la
part de l'ingénieur ou du conducteur d'hésitation possible
sur le parti à prendre ; l'état de la route indique à chaque
instant ce qu'on y a fait et ce qu'il y a à faire ; le travail
du cantonnier, la surveillance du conducteur, le zèle et
les études spéciales de l'ingénieur, tout s'y trouve signalé,
tout peut y être puni et récompensé dans une juste mesure, et par l'administration et même par le public. Il
n'y a plus alors de dépense perdue, il n'y en a plus qui
ne produise son effet utile. C'est de l'observation fort juste
de ces faits que les ingénieurs dont nous combattons les
calculs, ont encore conclu que l'entretien des bonnes
routes était moins dispendieux que l'entretien des mauvaises. Autant vaudrait dire que l'homme riche, bien
vêtu, bien nourri, dépense moins pour son entretien
que le pauvre mal nourri, mal vêtu, parce que le riche
achetant tout en gros, en temps utile et au comptant,
paye tout meilleur marché que le pauvre qui achète au
jour le jour, par petites quantités et presque toujours à
crédit.

Il est, au reste, impossible de maintenir un peu longtemps les routes dans l'état que nous venons de décrire.
Il constitue ce qu'en mécanique on appelle l'équilibre
instable ; le moindre accident en fera sortir. Vous aurez
beau vous imposer de n'enlever exactement que ce que

vous mettez en matériaux, des années pluvieuses vien-
dront, la route deviendra plus mauvaise, le public ne
comprendra pas pourquoi vous ne rendez pas la route
immédiatement et à peu de frais passable, en enlevant
cette masse de détritus dans laquelle les voitures ont
peine à s'avancer; vous céderez à de si justes exigences;
la route deviendra meilleure; elle sera un peu moins
bombée : vous aurez perdu de son épaisseur. La route
s'usera donc moins vite que celle de l'ingénieur qui, enlevant toujours le détritus nuisible, maintient sa route
bonne en l'usant; mais en définitive, un peu plus tôt avec
la route bonne, un peu plus tard avec la route mauvaise,
on arrive toujours au même résultat : à user complétement
la chaussée et à la nécessité de ces grosses réparations
si dispendieuses pour l'état, si pénibles pour le roulage.

C'est là malheureusement l'histoire de la plupart des
routes en France. Lorsqu'on a dit que leurs chaussées
s'épaississaient et qu'on en a conclu que les fonds d'entretien étaient suffisants et les méthodes d'entretien mauvaises, on a tiré une conclusion fort juste d'un fait inexact
ou au moins tout à fait exceptionnel. Toutes les fois
qu'une chaussée s'épaissit avec un système, il est certain
qu'on peut la rendre meilleure soit en y mettant moins
de matériaux, soit en enlevant plus de détritus; et puisqu'on compare continuellement le mauvais état d'une
route à une maladie, nous dirons que l'épaisseur de la
chaussée est un symptôme certain d'une guérison prompte
et facile ; mais ce serait une erreur de croire qu'il n'y a
d'autres maladies que celle-là, et que la diète qui réussit
parfaitement au riche qui a perdu sa santé par ses excès,
aura le même succès près du malheureux exténué par
l'abstinence et la fatigue. Or, il est facile de se convaincre
que cette dernière maladie est beaucoup plus commune que
la première; qu'il y a beaucoup plus de chaussées mauvaises par excès de détritus, de chaussées ruinées que de

chaussées riches de matériaux et épaisses. C'est en effet
un résultat immédiat du défaut de système qui a existé
jusqu'à présent dans la distribution des crédits et des matériaux sur les routes. C'est ce que nous ferons voir tout
à l'heure.

Mais avant il nous paraît utile de faire, au moins
sommairement, pour les chaussées pavées, un travail
semblable à celui que nous venons de faire pour les empierrements ; de signaler les analogies et les différences
essentielles que nous paraissent présenter ces deux natures de chaussées.

Comme sur les empierrements, la dépense est proportionnelle à la fréquentation ; la route sur laquelle il passe
200 colliers dans un an coûte la même somme que coûte en
deux ans celle sur laquelle il n'en passe que 100 ; puisqu'elles ont subi la même fatigue, elles ont été exposées
aux mêmes causes de dégradation et d'usure. Par cette
même raison, la dépense est indépendante de la largeur de
la chaussée et doit se calculer au mètre courant et non pas
au mètre quarré.

Si, toutes choses égales d'ailleurs, deux chaussées exigent annuellement l'une plus de pavés que l'autre, et qu'on
convienne de définir la qualité des matériaux par cette
quantité de pavés, on pourra dire que la dépense d'entretien du pavé est proportionnelle à la qualité des matériaux,
car les quantités de main-d'œuvre et de sable se trouveront
évidemment proportionnelles à cette quantité de pavés employés. Nous ferons remarquer qu'une des qualités les plus
essentielles du pavé est l'homogénéité. Un pavage composé
de matériaux durs en général, mais renfermant une certaine quantité de pavés tendres, donne lieu à un plus
grand nombre de piquages, et par conséquent à des re-
tailles nombreuses et à plus d'usure que si la pierre était
moins dure en général, mais plus homogène.

L'entretien d'une chaussée pavée consiste à relever tous

les ans une certaine portion de la surface, à retailler les vieux pavés, à les replacer, à en ajouter quelques-uns de neufs pour remplacer ceux qu'on a rebutés. Les pavés neufs entrés dans la surface, ou les pavés vieux et la retaille qui en sont sortis, représentent l'usure annuelle de la chaussée (nous supposons nécessairement qu'on s'est imposé des règles fixes et invariables d'une année à l'autre pour les conditions de rebut). Le travail peut donc se résumer dans la série des mains-d'œuvre que subit le pavé depuis le moment où on le fait entrer dans la chaussée, jusqu'à celui où il en sort comme rebut. Supposons, par exemple, que la fourniture du pavé soit du $30^e$, que chaque pavé soit censé rester trente ans dans la surface; pendant ce laps de temps il aura pu être remanié trois ou quatre fois, ce qu'il sera facile de calculer par le rapport des surfaces annuellement relevées à bout avec la surface totale. Si ce rapport est de $\frac{1}{15}$, on en conclura qu'il sera retaillé deux fois, avec la consommation du $30^e$ que nous venons de supposer. Il sera donc facile d'établir le prix définitif du mille de pavés de rebut, en ajoutant ensemble la valeur de toutes ces mains-d'œuvre, ainsi que de celle du sable qu'elles auront exigé. La dépense d'entretien se trouve alors proportionnelle au prix du pavé ainsi calculé.

Il y a donc entre les dépenses d'entretien des chaussées en empierrement et celles des chaussées pavées une analogie telle que les propriétés fondamentales peuvent s'exprimer exactement dans les mêmes termes. On peut dire des unes et des autres qu'elles sont proportionnelles :

$1^o$ A la fréquentation ;

$2^o$ A la qualité des matériaux exprimée par l'usure pour 100 colliers ;

$3^o$ Au prix de revient des matériaux en y comprenant toutes les mains-d'œuvre qu'ils ont subies jusqu'au moment où ils sont hors de service.

Cependant il ne sera peut-être pas inutile d'indiquer

quelques distinctions essentielles. L'usure du pavé n'est pas tout entière le résultat immédiat du passage des voitures. Une flache est presque toujours sur les pavés un dérangement de la surface résultant de la compression ou tassement du sol inférieur. Or, la réparation de cette dégradation amène quelquefois des bris de pavé, toujours une retaille, de sorte que les vieux pavés ne peuvent plus remplir la surface et qu'il devient indispensable d'en ajouter de nouveaux. Il y a donc usure par les voitures et usure par la taille; ainsi on peut concevoir qu'un pavé très-dur placé sur un sol mouvant pourrait s'user plus vite qu'un pavé assez tendre placé sur un sol ferme. Autant nous croyons les fondations inutiles aux chaussées d'empierrement, et les soins de première construction à peu près indifférents pour leur entretien, autant nous croyons indispensable de mettre sous les pavages un sol factice incompressible et inaltérable par l'effet des filtrations de l'eau. Ainsi la qualité de la forme sur laquelle le pavage doit être placé, le soin apporté dans la pose et la taille peuvent avoir une grande influence sur l'usure et sur les dépenses d'entretien. On conçoit en effet, que par un choix de matériaux bien homogènes, que par l'établissement d'un sous-sol inaltérable, que par une pose et une taille très-soignées, on ne pourrait plus avoir que l'usure des voitures, usure nécessairement fort lente, et sur laquelle nous ne possédons aucune donnée; mais nous croyons devoir faire quelques observations sur la manière dont elle s'opère, parce qu'on a étendu aux chaussées pavées les exagérations économiques qu'on a préconisées pour les empierrements. On s'est figuré aussi qu'en livrant aux voitures une surface parfaitement unie, une espèce de dallage, sur lequel les voitures rouleraient sans choc, on ferait disparaître, ou du moins en grande partie, toutes les causes d'usure, et qu'on trouverait là comme partout le maximum de beauté à côté du minimum de dépense.

Supposons donc établi avec les soins que nous venons de décrire le pavage d'une route, et examinons ce que doit devenir la surface de chacun des pavés. Chaque point présente à l'écrasement des voitures une résistance très-différente ; elle est à son maximum au milieu, va en décroissant jusqu'au bord et se trouve la plus petite dans les angles. Ainsi, le passage d'une lourde voiture produit sur tous les points des effets très-différents ; au milieu, léger écrasement, usure ordinaire ; près des bords et des angles, écrasement plus rapide et souvent éclat. De cette action continuée pendant quelque temps doit naturellement résulter cette forme bombée que présentent tous les vieux pavés, forme tellement déterminée qu'il est facile de reconnaître, dans un pavé arraché, les arêtes parallèles à la route de celles qui lui étaient perpendiculaires, forme qui donne aux joints, quelque faibles qu'ils soient, une apparence de largeur considérable, parce que la boue se loge dans l'espèce de noue formée par le contact des deux surfaces. Ainsi, quel que soit l'uni de la surface primitive, dès qu'elle est composée d'éléments dont les surfaces partielles sont inégalement résistantes, l'usage finira par donner à chacun de ces éléments une surface bombée qui rendra l'ensemble uniformément raboteux. L'usure sera alors parallèle ; mais la surface ne sera pas unie et on aura nécessairement tous les chocs qu'on aura cru d'abord éviter. Pour rendre la surface définitive plus unie, il n'y a que deux moyens possibles : rendre les angles et les bords plus résistants, c'est, je crois, ce qu'on n'a pas tenté, ou diminuer la résistance du milieu du pavé par rapport à celle des bords, c'est ce qu'on fait en employant des pavés de moindre échantillon dans le sens transversal. Le milieu de ces pavés, n'ayant plus alors une supériorité de résistance bien tranchée sur celle des bords, s'use aussi vite qu'eux, et ne donne plus une aussi grande saillie ; d'autant plus que si les bords descendaient trop bas, les roues des voitures ne pourraient plus les atteindre et qu'ils s'useraient alors moins vite. Plus les pavés seront petits , plus les inégalités de la surface définitive seront petites et s'approcheront de l'uni. On voit donc qu'une des conditions de l'uni est de diminuer la résistance générale de la surface ; il est vrai qu'on diminue aussi les chocs ; de sorte qu'il nous est impossible de prévoir quel sera le résultat définitif par rapport à l'usure. Ainsi, d'une part, on a une augmentation certaine de dépense dans la taille et la pose d'un plus grand nombre de pavés, et de l'autre une économie fort incertaine dans l'usure. La surface sera meilleure pour le roulage ; mais son entretien sera probablement plus cher.

Nous n'avons aucune donnée assez précise pour faire ici quelques applications de l'évaluation des dépenses d'entretien du pavé. Nous ignorons quel rapport existe entre la fréquentation et la consommation. Il eût été intéressant cependant de comparer les dépenses d'entretien des chaussées pavées et des chaussées d'empierrement ; mais sans avoir de chiffres précis à citer , nous sommes certain qu'on aurait été conduit à ce résultat : que dans les circonstances ordinaires l'entretien du pavé , à égalité de fréquentation , est beaucoup moins cher que celui de l'empierrement. C'est ce qui résulte de la comparaison des dépenses des chaussées pavées et des empierrements dans les départements où le pavage n'est guère employé que dans les traverses des villes et villages ; il arrive presque toujours que la dépense du mètre courant de pavé dans ces circonstances n'est pas plus élevée que celle du mètre courant d'empierrement sur le reste des routes. Or, il n'y a aucune comparaison à faire entre les fréquentations. Les rues des villes sont presque toujours communes à plusieurs routes et supportent une fréquentation locale qui est souvent plus considérable que celle qui est due aux passages des routes. Enfin la statistique de 1836 ne porte pour prix moyen d'entretien du mètre courant de pavé que $0^{fr}.82$, et pour prix moyen du mètre courant d'empierrement $0^{fr}.51$, et il est bien certain que la fréquentation moyenne des routes pavées est à celle des routes en empierrement dans un rapport beaucoup plus considérable. Ainsi, on ne saurait mettre en doute que l'entretien du mètre courant de pavé est beaucoup moins cher que celui du mètre courant d'empierrement. Il faudrait bien se garder de conclure de là que le convertissement en pavé des routes de France serait une mesure économique. La dépense d'entretien n'est en effet qu'une partie de la dépense annuelle ; il faut y ajouter l'intérêt du capital de construction de la chaussée. Or, un mètre courant de chaussée pavée coûte rarement moins de 30 fr., tandis qu'on peut presque toujours établir une chaussée en empierrement pour 6 fr. En supposant donc que l'entretien des chaussées en empierrement coûte 500 francs par kilomètre et celui des pavés 100 francs pour 100 colliers, on voit qu'on aura, en ajoutant aux dépenses d'entretien les intérêts du capital de construction :

|  | DÉPENSES ANNUELLES | |
| --- | --- | --- |
|  | des empierrements. | des pavés. |
|  | fr. | fr. |
| Pour 100 colliers. . . . . . . . . . . . | 800 | 1 600 |
| 200 colliers. . . . . . . . . . . | 1 300 | 1 700 |
| 300 colliers. . . . . . . . . . | 1 800 | 1 800 |
| 400 colliers. . . . . . . . . . | 2 300 | 1 900 |
| 500 colliers. . . . . . . . . . | 2 800 | 2 000 |

Dans ces hypothèses ce n'est qu'à 300 colliers que pourrait commencer l'avantage économique du pavé. Au-dessous le pavé serait beaucoup plus cher, au-dessus beaucoup plus avantageux. Chaque localité en donnant des prix différents pour le pavé et l'empierrement, donnera d'autres limites de fréquentation. Mais le problème sera toujours résolu

dans le même sens , c'est-à-dire que le pavé conviendra
aux grandes fréquentations , et l'empierrement aux fréquentations faibles. Nous ne considérons ici la question que
sous le point de vue d'économie des dépenses d'entretien ;
dans les applications qu'on pourrait faire de ces principes.
il faudrait avoir égard à beaucoup d'autres considérations.
Pour les empierrements, un roulage plus doux , plus facile ,
moins pénible pour les voyageurs , moins nuisible aux voitures et aux marchandises ;  pour les pavés , une diminution de tirage pour les voitures allant au pas , une plus
grande propreté de la surface , des réparations qui n'exigent pas des encombrements de matériaux permanents
et la présence continuelle d'ouvriers dont les fautes peuvent compromettre la viabilité , etc. Chacun de ces avantages pourra avoir une valeur différente suivant les localités , et il ne saurait y avoir de solution absolue. Mais
comme dans les travaux publics la question de dépense
domine souvent les autres , il est important de pouvoir
toujours s'en rendre compte. Sous ce rapport, les considérations que nous venons de présenter auront peut-être
quelque utilité. En voici quelques applications aux con-
vertissements des pavés en empierrements. Lorsque pour
obtenir certains avantages , on arrache un bon pavage pour
le convertir en empierrement , on fait une opération qui
peut être utile , mais qui est toujours dispendieuse , à
moins qu'on ne puisse se rembourser de la valeur du pavé ;
lorsqu'on fait la même opération sur un pavage assez mauvais pour exiger les frais d'une reconstruction , on fait
une opération économique si la route est peu fréquentée ,
dispendieuse si elle l'est beaucoup.

En résumant ce que nous venons de dire pour les chaussées pavées , on voit que les bases générales des dépenses
d'entretien sont les mêmes que pour les chaussées d'empierrement et que par conséquent on peut leur appliquer,

sauf quelques exceptions, les conséquences et les principes
que nous avons établis et que nous établirons en nous
occupant plus spécialement des empierrements.

Revenons maintenant à l'examen de l'état actuel des
chaussées : les chaussées augmentent-elles ou diminuent-
elles d'épaisseur? Y en a-t-il qui augmentent et d'autres qui
diminuent? Telles sont les questions qu'on peut s'adres-
ser ; questions fort importantes, puisque de leur solution
dépend l'état futur des routes. Chaque ingénieur peut,
dans la circonscription qui lui est confiée, les résoudre
directement par des sondages faits de distance en distance
sur chacune de ses routes ; mais lorsqu'il s'agit de la
France entière, il faut faire le travail sur toute la France
et ne pas conclure du particulier au général. Parce que
vos chaussées sont épaisses, qu'elles ont $0^m.80$, $1^m.00$,
$1^m.50$, vous dites : toutes les chaussées ont $0^m.80$, $1^m.00$
et $1^m.50$. Qui nous empêcherait de répondre que les
chaussées ne contiennent plus de matériaux au-dessus de
$0^m.02$ de grosseur, et que de $0^m.01$ à $0^m.02$ elles n'en contiennent plus que $0^m.013$ d'épaisseur? Nous avons en effet
plusieurs routes royales fréquentées à 300 et 400 colliers
qui se trouvent dans ce cas. Dans cet ordre de preuves,
il est évident que la question ne pourrait être tranchée
que par un sondage général. Certes, pour celui qui exa-
mine attentivement les routes, le résultat en est facile à
prévoir. Que signifient, en effet, ces chaussées dures et
raboteuses sur lesquelles on roule si souvent aujourd'hui,
ces bordures saillantes autrefois enfouies, ces grands dé-
capements d'accotements, si ce n'est que les anciennes
chaussées sont usées? Mais à défaut de preuve matérielle
et incontestable, il est facile de se rendre compte, d'après
les principes que nous avons établis plus haut, de ce
qu'ont dû devenir les routes suivant les diverses circonstances où elles se sont trouvées.

Examinons les variations les plus ordinaires des trois

quantités qui influent d'une manière directe et proportionnelle sur les dépenses d'entretien des routes : la fréquentation, la qualité des matériaux et le prix auquel
ils reviennent quand ils ont fait l'usage auquel ils sont
destinés. Nous écarterons toujours les limites extrêmes et
exceptionnelles.

Une fréquentation de 5o colliers est une fréquentation
assez ordinaire sur beaucoup de routes ; on rencontre
moins souvent la fréquentation de 5oo colliers. Cependant, nous croyons qu'il n'y a guère de département qui
ne présente pour ses routes ce rapport de 1 à 10 ; car si on
n'a pas de fréquentation de 5oo colliers, on a des fréquentations moindres que celles de 5o. Ce rapport n'a donc
rien d'exagéré ; il tend d'ailleurs à augmenter continuellement.

Le rapport entre la qualité des matériaux est plus
difficile à apprécier en nombres ; peu d'expériences ont
été faites sur ce point, cependant essentiel ; mais à défaut de données positives, je crois pouvoir admettre celui
de 1 à 3. Si ce rapport est aujourd'hui dépassé, je crois
que lorsqu'on se sera mieux rendu compte des dépenses
qu'occasionnent les mauvais matériaux, on les abandon-
nera de plus en plus. Quoi qu'il en soit, nous ne croyons
pas qu'on puisse contester l'étendue de cette limite, et
c'est tout ce qu'il nous faut maintenant.

Le prix des matériaux est très-variable : nous connaissons des routes où on en emploie à 32 fr. le mètre cube ;
nous en employons aujourd'hui qui coûtent 25 fr., et nous
avons été longtemps assez heureux pour en avoir d'excel-
lents à moins de 2 fr. Quant au salaire des cantonniers,
il ne varie que dans des limites beaucoup plus restreintes :
400 fr. est un salaire bon marché et 540 fr. un salaire
élevé. L'emploi des matériaux est donc toujours à peu près
compris entre 2 fr. et $2^{fr}.70$. En écartant donc les prix
exceptionnels, je crois qu'on peut prendre pour limites

ordinaires du prix des matériaux usés , 4 fr. et 20 fr., c'est-à-dire le rapport de 1 à 5.

De ce que dans les cas ordinaires, dans ceux qu'on rencontre à chaque instant :

> La fréquentation peut varier dans le rapport de. . . . 1 à 10
> La qualité des matériaux dans celui de. . . . . . . . . . 1 à 3
> Le prix des matériaux usés dans celui de. . . . . . . 1 à 5

Il s'ensuit que les dépenses d'entretien peuvent varier comme le produit de ces rapports, c'est-à-dire dans le rapport de 1 à 150.

Cette différence énorme, qui doit ou plutôt qui devrait nécessairement exister entre les dépenses d'entretien des routes, nous paraît expliquer bien des faits dont on n'avait pas bien aperçu les motifs jusqu'à présent. Sans doute, on a toujours su qu'il y avait des routes dont l'entretien devait coûter beaucoup plus cher que d'autres , mais je ne crois pas qu'on se soit rendu compte de la proportion dans laquelle la dépense pouvait varier. 500 fr. par kilomètre paraissait un prix moyen ; en en prenant la moitié ou en le doublant , on croyait satisfaire à toutes les circonstances qui pouvaient se présenter ordinairement. On était encore induit en erreur ici par une fausse analogie qu'on établissait avec les travaux de construction. Ainsi , par exemple, le prix de construction d'une chaussée ne dépend que du prix des matériaux employés et ne peut varier, d'après ce que nous venons de dire , que dans le rapport de 1 à 5 ; la qualité (5) de la pierre , la fréquentation de la route sont ici à peu près sans influence : il n'y a absolument qu'un élément dans cette dépense , tandis qu'il y en a trois dans l'entretien. Demander ce que coûte l'entretien du mètre

---

(5) A ce sujet il ne sera peut-être pas inutile de faire observer qu'il faudrait bien se garder d'appliquer à la construction des chaussées , les principes et les calculs que nous avons posés pour le choix des matériaux d'entretien. Presque toujours pour la construction il faut préférer les matériaux de qualité inférieure , lorsqu'ils sont à meilleur marché , et entretenir ensuite avec de bons matériaux.

courant de chaussée , est aussi vague que de demander ce
que coûte la construction du mètre courant de mur en
maçonnerie : tout le monde sait parfaitement que ce prix
peut subir d'énormes variations. Aussi il n'est personne
qui , pour répondre à cette dernière question , se crût
dispensé de s'informer de la hauteur du mur, puis de son
épaisseur, et enfin du prix de la maçonnerie. On ne fait
pas de même pour les routes , quoique cela soit au moins
aussi nécessaire. On sait bien vaguement que telle route
est plus fréquentée , que les matériaux y sont plus mauvais et plus chers , et on lui donnera davantage ; mais on
croira avoir beaucoup fait en doublant ou quadruplant
la dépense. On recule devant des sommes qui paraissent
exorbitantes ; mais malheureusement les principes sont
inflexibles et les routes ne se prêtent pas à des accommo-
dements plus économiques que rationnels. Vous avez peu
mis , ou du moins vous croyez avoir peu mis , parce que
vous n'avez accordé que la moitié ou le tiers de l'allocation
moyenne à la route peu fréquentée où les matériaux sont
bons et à bon marché , et il se trouve en général que ces
routes sont bonnes, parce qu'effectivement vous avez assez
mis et quelquefois trop. Vous mettez au contraire le double
et le triple de cette allocation sur la route fréquentée , sur
la route à matériaux chers et mauvais, et elle devient
mauvaise, elle s'use , et vous êtes obligé de la refaire au
bout d'un certain temps. Ainsi les crédits sont suffisants
ou même forts là où la fréquentation est faible, les matériaux bons et à bon marché , parce qu'il est facile de subvenir à des dépenses faibles ; mais les crédits sont insuffi-
sants , au contraire, là où les besoins sont considérables.
Si nous avions à notre disposition les éléments nécessaires
pour apprécier la répartition actuelle du budget de l'entretien des routes , nous trouverions certainement les crédits d'autant plus faibles relativement aux besoins , qu'ils
seraient plus considérables d'une manière absolue. C'est

un fait que d'ailleurs chaque ingénieur peut vérifier dans une échelle plus ou moins étendue : si dans un arrondissement, si dans un département il y a une route mauvaise, c'est toujours celle dont le crédit est le plus fort. On lui a fait une part plus large cependant ; mais si on veut la comparer, d'après les principes que nous avons posés, à celle des autres routes, on la trouvera toujours beaucoup au-dessous de ce qu'elle devrait être. Il résulte de là qu'il est bien possible qu'il y ait en France quelques routes trop richement dotées; mais ce serait une grande erreur de croire qu'en revisant la répartition on pourra arriver à donner suffisamment à celles qui n'ont pas assez en enlevant à celles qui ont trop. On pourra, sur quelques points, trouver quelques centimes à ôter, mais on n'arrivera jamais à compléter ce qui manque aux autres. Ainsi, les données que nous avons posées plus haut sont puisées dans deux départements dont nous connaissons les ressources ; nous avons dit que pour le premier

L'entretien pouvait être évalué à. . . . . . . . 250 fr: le kilom.
Et pour l'autre à. . . . . . . . . . . . . . . . . . 1700 fr.

Or, l'un a. . . . . . . . . . . . . . . . . . . . . . 400 fr.
Et l'autre. . . . . . . . . . . . . . . . . . . . . . 800 fr.

On voit qu'en retranchant 150 fr. au premier, le second sera encore bien loin d'avoir ce qu'il lui faut, puisqu'il n'aura que 950 fr. au lieu de 1700 fr. ; si on ôte davantage, les routes du premier département deviendraient mauvaises, et les autres ne seraient pas encore bonnes. Ajoutons que là où il y a beaucoup de fréquentation il y a aussi, en général, plus de longueur de routes.

Ainsi, cette différence énorme, qui peut exister entre l'entretien d'une route et l'entretien d'une autre, qui peut varier, rarement il est vrai, dans le rapport de 1 à 150, parce qu'il faut trouver réunies plusieurs circonstances peu ordinaires séparément, mais souvent dans les rapports intermédiaires 1 à 10, à 20, à 30, à 40, à 100, peut seule expliquer les états très-différents dans lesquels se trouvent les routes qui appartiennent à un même département, à un même arrondissement, et par conséquent soumises à un même système d'entretien. Sans doute, là où les matériaux sont bons, où la fréquentation est faible, l'entretien est plus facile ; mais on ne réussirait pas plus pour ces routes qu'on ne réussit pour les routes fréquentées, si leur crédit n'était pas plus en rapport avec leurs besoins. Qu'on essaye de mettre annuellement sur la route fréquentée à 5oo colliers ( c'est une expérience que tous les ingénieurs peuvent faire sur quelques kilomètres ), ce qu'on met de matériaux et de main-d'œuvre dans dix ans sur celle qui n'est fréquentée qu'à 5o, et on verra que la différence entre les états de ces routes se réduira à bien peu de chose, comparée à ce qu'elle est aujourd'hui.

Quelques circonstances locales ont aussi contribué à altérer l'épaisseur des chaussées. Les pentes qui, à la descente, sont parcourues dans tous les sens par les voitures, ne donnant pas d'ornières et paraissant bonnes, on en concluait autrefois qu'elles n'avaient pas besoin de matériaux, tandis que les parties plates qui en étaient toujours sillonnées en ont été surchargées, surtout dans les pays où ils sont à bon marché. On ne comprenait pas le rôle que jouent dans l'entretien, les matériaux et la main-d'œuvre. On disait : la route est mauvaise, donc elle a besoin de matériaux ; c'est ainsi que sur certains points, là où la fréquentation était une exception et où les fonds étaient suffisants et les matériaux bon marché, certaines routes se sont épaissies précisément parce qu'elles étaient fréquentées et mauvaises.

Il suffit donc d'examiner avec soin les diverses circonstances dans lesquelles une route se trouve placée pour prévoir l'épaisseur de sa chaussée. Jamais les sondages que nous avons faits n'ont donné de démenti à ces principes, et nous avons fait voir qu'ils avaient dû nécessairement annoncer sur la plus grande partie des routes une diminution d'épaisseur. Ce résultat va d'ailleurs se trouver confirmé par des documents officiels.

Heureusement pour le roulage, mais malheureusement pour les routes cette industrie n'est assujettie en France à aucun droit de barrières. Si ces droits avaient existé et que leur produit eût été affecté à l'entretien des routes sur lesquelles ils étaient perçus, la répartition se fût trouvée naturellement beaucoup mieux faite ; il ne serait plus resté qu'à faire la part du prix des matériaux, facile à constater, et celle de leur qualité, qui ne varie que dans des limites assez étroites. Peut-être cette circonstance a-t-elle eu sur l'état des routes d'Angleterre une influence qui n'a pas été assez remarquée ; elle a en effet cet avantage immense pour l'entretien, de proportionner sans cesse les ressources aux besoins. Il suffit que la base des droits ait été établie suffisante une fois pour toutes, pour qu'on ne puisse plus avoir la crainte de voir les routes s'user et se perdre, ou s'épaissir inutilement avec une augmentation, un déplacement ou une diminution de fréquentation Il n'en est pas de même en France : les variations de la fréquentation sur les routes y doivent amener nécessairement des variations dans l'état des chaussées. Il nous a donc paru intéressant de nous rendre compte de ce qui avait dû arriver sous ce rapport depuis quelques années.

On sait que les voitures publiques sont soumises au droit du dixième du prix des places ; le produit de cet impôt se trouve proportionnel au mouvement des voyageurs, et ce mouvement est nécessairement en rapport avec celui des marchandises, et peut par conséquent donner, jusqu'à un certain point, la mesure de la fréquentation des routes.

Voici les renseignements que nous avons puisés dans les divers budgets à l'article des droits sur les voitures publiques :

fr.

| | |  |
|---|---|---|
| 1830. . . . . . | 5 300 000 | État rétrograde évi- |
| 1831. . . . . . | 5 000 000 | demment dû à des |
| 1832. . . . . . | 4 800 000 | causes politiques. |
| 1833. . . . . . | 5 400 000 | |
| 1834. . . . . . | 5 762 000 | |
| 1835. . . . . . | 6 100 000 | |
| 1836. . . . . . | 6 732 000 | |
| 1837. . . . . . | 7 067 000 | |
| 1838. . . . . . | 7 215 000 | |
| 1839. . . . . . | 7 836 000 | |
| 1840. . . . . . | 8 202 000 | |

Il résulte de ce tableau, que la fréquentation des voitures publiques s'est accrue dans le rapport de 50 à 82, ou de 64 pour 100. D'un autre côté, le tableau du commerce extérieur de la France, dressé par l'administration des douanes pour 1840, constate pour le même espace de temps, une augmentation de 69 pour 100 sur les droits à l'importation et à l'exportation, et on y voit que la plus grande partie de cette augmentation porte sur le commerce par terre. Ainsi, lorsque nous disons que le mouvement des marchandises est en rapport avec celui des voyageurs, c'est une induction qui ne repose pas seulement sur des raisonnements, mais sur des faits positifs et incontestables. Si, comme nous le pensons, les frais d'entretien n'ont pas augmenté dans le même rapport, les routes ont dû d'autant plus s'user qu'elles étaient d'abord elles-mêmes plus fatiguées. En effet, si la route fréquentée, il y a huit ans, à 50 colliers, l'est aujourd'hui à 80, elle perd tous les ans 15 à 20$^{m}$·$^{cc}$.00 par kilomètre, quantité insignifiante, et qui ne donnera dans dix ans qu'une épaisseur de 0$^{m}$.03 ; tandis que sur la chaussée fréquentée primitivement à 500 colliers, l'augmentation de 300 colliers peut amener une diminution d'épaisseur de 0$^{m}$.30 dans le même laps de temps, et par conséquent la ruine complète de la chaussée. En admettant donc qu'il y eût quelque chose de vrai dans ce qu'on a dit, il y a quelques années, sur l'épaisseur des chaussées, on voit que le temps a dû amener bien des changements dans leur situation.

En citant les chiffres du tableau précédent, nous n'avons pas seulement voulu y puiser des arguments contre l'exactitude de certaines assertions de nos adversaires, nous avons voulu signaler, autant qu'il était en nous, un progrès remarquable de la richesse publique sur lequel il nous semble que l'attention générale n'est pas suffisamment portée ; et à côté de ce fait, le dépérissement incessant et la ruine prochaine des voies à l'aide desquelles ce progrès s'est réalisé, et pourrait continuer sa marche rapide.

C'est en vain qu'on voudrait essayer de lutter contre la puissance irrésistible de ces chiffres. Le fait principal qui ressort de toutes les considérations que nous avons exposées dans ce mémoire, le principe qu'il ne faut jamais perdre de vue lorsqu'il s'agit d'entretien de route, c'est que cet entretien est une consommation. Chaque cheval qui passe sur une route y consomme, non-seulement une ration de fourrage, mais une ration de matériaux. C'est une nécessité à laquelle il faut se résigner ; sans doute vous pouvez mettre de l'ordre, de la méthode, de l'à-propos dans la distribution de cette ration, comme on en peut mettre dans celle du fourrage, et réaliser ainsi des économies notables ; mais enfin toutes ces améliorations ne peuvent descendre au-dessous d'une certaine limite, et vouloir entretenir les routes aujourd'hui avec les mêmes ressources qu'il y a huit ans, est aussi impossible que le serait de vouloir nourrir 164 chevaux avec la même quantité de fourrage qu'on donnait il y a huit ans à 100 chevaux. Certes, il n'est pas besoin de se demander si c'est là ce qu'a tenté de faire l'industrie des transports. Au reste, comme elle est bien autrement intéressée que l'état dans la diminution des frais qui sont à sa charge, il ne sera peut-être pas inutile de rappeler ce qu'elle a fait dans cette circonstance. Or, c'est un fait constant que pour charger plus et aller plus vite, elle a augmenté et amélioré la ration du cheval ; elle a pris de meilleurs chevaux et fait le sacrifice de 3 ou 4 ans sur leur durée moyenne. Elle a compris qu'en résumé augmenter ses frais pour satisfaire les goûts et les besoins du public par une marche plus rapide et plus régulière, c'était augmenter ses bénéfices. Or, c'est là un calcul bien plus exact et juste pour l'état que pour elle.

En effet, on peut évaluer les frais de transport payés par le roulage et les messageries à. . . . . . . . . . . . . . . . . . . . . . . . 475 millions.
Les frais d'entretien des routes à. . . . . . . . . . . . . 25

Total général des frais payés par la société. . . . . 500 millions.

Supposons qu'en augmentant les frais d'entretien de 5 millions ou d'un cinquième, il en résulte seulement une diminution de $\frac{1}{10}$ dans les frais de traction, c'est là une proportion que tous ceux qui ont de mauvaises routes sous les yeux trouveront bien faible ; il est clair que la société réalisera un bénéfice net de plus 40 millions, c'est-à-dire, de 800 pour 100, bénéfice définitif et acquis, qui ne sera pas, comme celui de l'industrie des transports, sans cesse ramené par la concurrence à un taux à peu près uniforme. Lorsqu'on a ces chiffres sous les yeux, on voit évidemment que la vraie question pour l'état n'est pas de savoir s'il faut 20, 25 ou 30 millions pour entretenir les routes ; qu'on ne peut espérer sur ce chiffre que des variations insignifiantes pour la richesse publique ; que celui qu'il faut diminuer par tous les moyens possibles, c'est celui de 475 millions ; que c'est là seulement qu'il peut y avoir des économies réelles et importantes. En un mot, les frais de transport coûtent 1<sup>fr</sup>.00 par tonne et par lieue, les frais d'entretien des routes coûtent 0<sup>fr</sup>.05. N'est-il pas singulier que ce soit sur la question de savoir si ces cinq centimes ne pourraient pas se réduire à 0<sup>fr</sup>.045. ou 0<sup>fr</sup>.04 que portent toutes les discussions, tandis que personne ne se préoccupe de celle de savoir si on ne pour-

rait pas réduire de 0^{fr}. 25 ou de 0^{fr}. 30 les frais de transport
en améliorant les routes.

Certes, à ne considérer que les chiffres en eux-mêmes,
voilà des produits qui paraissent tellement exagérés qu'on
aura peine à y croire : c'est peut-être à cette incrédulité
irréfléchie qu'on doit attribuer la place qu'ont usurpée dans
l'esprit public d'autres entreprises qui sont bien loin de conduire à de pareils résultats. Dans toute question qui tient
aux routes, on arrive toujours en effet à une évaluation de
bénéfice qui paraît exorbitante. S'agit-il pour une route fréquentée à 500 colliers, d'éviter le parcours d'un kilomètre
par un nouveau tracé qui contourne une montagne, ou traverse une rivière, vous arriverez nécessairement à conclure
que le bénéfice annuel sera de 36 500 fr., et dans une foule
de localités en France cette amélioration ne coûtera qu'une
centaine de mille francs ; vous en conclurez encore que
c'est une opération à 36 pour 100 de bénéfice. Quelles
sont donc les entreprises dont les résultats, même promis,
puissent approcher de ceux-là, qui eux-mêmes sont déjà
bien loin de ceux que peut donner l'amélioration des
chaussées ? Et qu'on veuille bien remarquer qu'il n'y a rien
d'incertain dans ces calculs. Lorsqu'on ouvre au commerce
une nouvelle voie, des habitudes prises, des inconvénients
auxquels on n'a pas pensé trompent souvent les prévisions.
Mais ici tout est connu, déterminé d'avance ; il ne peut
y avoir d'erreur qu'en augmentation. Si on ne gagne pas
36 pour 100, c'est qu'on gagnera 40 ou 50.

Ce n'est même pas représenter exactement le prix du
service rendu à la société par les routes, que de le calculer
par la valeur du transport qui s'y exécute. Si une route
sert de débouché à une forêt, à une mine, à un pays fer-
tile, dont les produits se consommaient sur place et à vil
prix, elle pourra leur ajouter, en les portant sur un marché
où ils sont rares, une valeur auprès de laquelle les frais
du transport sont la plupart du temps insignifiants. Pour

bien apprécier l'importance d'une route, il faut calculer les pertes que sa destruction imposerait à la société. On reconnaît alors que supprimer une route, ce n'est pas seulement supprimer les quelques millions de transport qui s'y opèrent, c'est presque toujours supprimer les maisons qui la bordent, un partie des villages, des villes et de leurs habitants, la culture, l'industrie, non pas seulement des pays traversés, mais même souvent de ceux qui en sont le plus éloignés. C'est ainsi que la suppression d'une route servant de débouché à un port de mer un peu important pourrait porter atteinte à des intérêts situés à des milliers de lieues. Lorsqu'on généralise cette hypothèse et qu'on vient à se demander ce que deviendrait la France si toutes les routes royales étaient supprimées, on reconnaît qu'elles sont aussi nécessaires à son existence, comme nation et même comme société, que les artères et les veines le sont au corps humain. Si nous nous sommes permis de rappeler des faits tellement clairs, tellement évidents, connus depuis si longtemps, c'est qu'en voyant l'état de certaines routes il nous a semblé qu'on les avait, au moins dans ces circonstances, perdu de vue.

Il nous reste à faire valoir en faveur de l'entretien des routes une dernière considération, bien secondaire il est vrai, pour ceux qui accordent à cette question l'importance qu'elle doit avoir, c'est que cet entretien n'est pas une dépense pour l'état : c'est un revenu, c'est un produit, c'est un impôt. Économiser sur l'entretien des routes c'est diminuer les recettes du budget.

Nous avons vu que le droit perçu en 1840 sur les voitures publiques est de. . . . . . . . . . . . . . . . . . . . . . . . 8 202 000 fr.

Le droit de 0fr..25 par poste et par cheval (indemnité que le trésor serait obligé de payer, si elle ne l'était directement par les voitures publiques) était évaluée il y a quelques années à. . . . . . . . . . . . . . . . . . . . . . . . . 6 000 000

Si on ajoute encore à ces droits ceux de licence des entrepreneurs de voitures publiques et les augmentations qu'ils ont subies depuis deux ans, on arrivera à un chiffre de. . . 15 000 000

Représentant l'impôt payé à l'état par les seules entreprises de messageries, impôt produit en totalité par les routes. Qu'on ajoute maintenant à ces 15 millions la part qui revient aux routes :

1° Dans les produits de la douane. . . . . . . . . . . . . . . 180 millions.

Toutes les marchandises importées par mer ou par terre n'arrivent au consommateur qu'après un transport par terre plus ou moins long qui en affecte le prix, et par conséquent influe énormément sur la quantité importée ou exportée.

2° Dans les droits sur les boissons. . . . . . . . . . . . . . 90 millions.

Droits qui dépendent à un plus haut degré encore de la facilité des communications par terre.

3° Dans les produits des postes. . . . . . . . . . . . . . . . 47 millions.

Produits sur lesquels l'influence des routes n'a pas besoin d'être démontrée.

Total. . . . . . . . . . . . . . . 317 millions.

Enfin il n'existe peut-être pas une branche du revenu public sur les produits de laquelle les routes ne puissent réclamer avec raison une part importante ; sur les impôts directs pour la plus value qu'elles donnent aux terrains qu'elles traversent, pour les maisons qui s'y élèvent, pour les patentes des diverses industries qui sont le résultat de la circulation, pour les transactions qu'elles amènent ; mais en s'arrêtant même aux 317 millions d'impôts indirects sur lesquels l'influence des routes est immédiate et évidente, il nous semble que personne ne pourra contester que toute détérioration ou que toute amélioration des routes, qui augmentera ou diminuera les prix de transport, affectera le produit de ces impôts de sommes beaucoup plus considérables que celles qu'on aura enlevées ou ajoutées à l'entretien. Avec quelques millions de plus ou de moins, les routes seront bonnes ou mauvaises, et c'est par dizaines de millions que l'influence de leur état se fera sentir sur diverses branches du revenu public ; l'administration a ainsi dans sa main l'extrémité d'un levier dont les moindres mouvements vers le bien ou vers le mal réagiront immensément sur l'industrie des transports, sur la société en général et même sur les impôts.

Il n'est donc pas permis de dire que les ressources financières du pays sont insuffisantes pour les sommes que réclament l'amélioration et l'entretien des routes ; car il s'agit ici de dépenses immédiatement productives. Quelles que soient les sommes portées au budget avec cette destination, il est inutile de s'occuper des moyens d'y pourvoir ; les droits sur les voitures publiques, les douanes, les boissons et les postes rendront de suite bien au delà de ce que vous aurez porté. S'il y avait une excuse possible pour avoir des routes mauvaises, elle ne pourrait être donnée que par une nation embarrassée de ses richesses, car le riche, qui n'a pas besoin de sa récolte, peut à la rigueur ne pas ensemencer son champ ; mais il n'est pas permis à celui qui attend cette récolte pour vivre, de faire de pareils sacrifices.

RÉSUMÉ.

Les divers perfectionnements qu'a pu subir depuis quelques années l'art d'entretenir les routes, n'ont apporté aucune modification essentielle dans les frais de cet entretien, et il est facile de s'expliquer les illusions qu'on s'est faites à ce sujet.

L'entretien des routes se réduit à une consommation de matériaux proportionnelle :

1° A la fréquentation ;

2° A la qualité de ces matériaux ;

3° Au prix de revient de ces matériaux consommés.

Ces trois éléments peuvent aujourd'hui faire varier le chiffre de la dépense, dans diverses localités, dans le rapport de 1 à 150.

Pour avoir de bonnes routes, il faut appliquer partout

un bon système d'entretien, et l'argent nécessaire pour l'exécuter ; le système est aujourd'hui trouvé, et prescrit par l'administration. Nous avons cherché à en déterminer les dépenses.

Grâce à l'accroissement d'une circulation toujours plus nombreuse, les routes sont aujourd'hui presque partout usées ; il faut les rétablir, et on ne peut plus les entretenir aux mêmes conditions. Ces résultats, considérés au point de vue de l'économie politique, sont un des plus heureux symptômes de la richesse publique ; mais ils sont en même temps un avertissement précieux pour les administrateurs chargés de veiller à sa conservation et à ses progrès.

Puisque rien ne limite sur les routes la quantité de transports qui peuvent s'effectuer, puisque chaque passage de collier amène une consommation correspondante de matériaux, l'état n'est pas le maître de fixer les dépenses de cette consommation ; il ne peut pas dire : je ne dépenserai cette année que 25 millions à l'entretien des routes. L'industrie des transports en dépensera 30 malgré le budget, si cela convient à ses intérêts ; l'épaisseur des chaussées peut masquer ce déficit pendant quelque temps, mais l'état se trouve forcé plus tard de le combler avec des pertes énormes.

Pour prévenir ce désordre, sans cesse renaissant, on ne peut trouver que deux moyens : ou ne laisser passer sur les routes que le nombre de chevaux qui est en rapport avec le crédit du budget, ou porter au budget un crédit en rapport avec le nombre des chevaux ; le premier est assez absurde pour être inexécutable ; on réaliserait le second, en attribuant à l'entretien et à l'amélioration des routes une petite fraction des impôts qu'elles produisent. Nous croyons avoir démontré qu'il n'y aurait pas d'entreprise plus productive pour l'industrie des transports, pour la société et pour toutes les branches du revenu public.

# NOTE.

Lorsqu'on réduit en formule algébrique l'évaluation des dépenses d'entretien d'une route en empierrement, elle se présente sous la forme suivante :

$$S = F.q.P.$$

S, dépense d'entretien d'un kilomètre :

F, fréquentation exprimée par unité de centaines de colliers ;

$q$, la quantité de matériaux usés par le passage de 100 colliers sur un kilomètre.

P, prix des matériaux usés et enlevés hors de la route, c'est-à-dire prix des matériaux cassés tels qu'ils sont ordinairement fournis par les entrepreneurs, puis employés et retirés par les cantonniers sous forme de boue ou de poussière, et même transportés dans des dépôts lorsqu'il y a lieu.

Si on veut faire entrer le salaire C des cantonniers dans la formule on écrira

$$P = p + \frac{C}{N}.$$

$p$, prix des matériaux tels qu'ils sont livrés au cantonnier ; N, nombre de mètres qu'il peut consommer dans son année en y faisant les mains-d'œuvre qui restent à faire.

Lorsqu'il s'agit de comparer des matériaux de prix et de qualités différents, on a l'équation :

$$q\left(p + \frac{C}{N}\right) = q'\left(p' + \frac{C}{N}\right),$$

d'où

$$p' = p\,\frac{q}{q'} - \frac{C}{N}\left(\frac{q'-q}{q'}\right).$$

En faisant des applications numériques de cette formule, on est conduit à des résultats bizarres. Ainsi sur une route, on peut adopter de bons matériaux, puis en s'éloignant les quitter pour d'autres plus mauvais, puis les reprendre à une certaine distance. On voit en général que lorsque les matériaux sont peu chers, les prix des matériaux équivalents peuvent avoir entre eux un rapport bien différent de celui des qualités ; mais qu'avec des prix élevés on s'approche de cette proportion.

Lorsqu'on veut étendre la formule à un grand nombre de routes, à celles d'un département, par exemple, il faut prendre quelques précautions dans le calcul des moyennes de la fréquentation, de la qualité et du prix des matériaux. Ce qu'il s'agit d'avoir, c'est la somme des termes tels que

$$f'q'p' + f''q''p'' + f'''q'''p''' \ldots$$

représentée par un seul F.$q$.P.

Or, on n'arriverait pas au même résultat si on prenait pour un nombre K de kilomètres :

$$F = \frac{f' + f'' + f'''\ldots}{K} \qquad q = \frac{q' + q'' + q'''\ldots}{K} \qquad P = \frac{p' + p'' + p'''\ldots}{K}.$$

On comprend en effet que si la fréquentation est plus forte sur les bons matériaux et sur les matériaux à bon marché, elle donnera des résultats bien différents que si, restant toujours la même en moyenne, elle a lieu surtout sur les matériaux chers ou mauvais.

Exemple : Supposons 2 kilomètres
$$f' = 1 \qquad f'' = 3$$
$$q' = 50 \qquad q'' = 100$$
$$p' = 6 \qquad p'' = 10$$
$$f'q'p' = 300 \qquad f''q''p'' = 3000$$

On aurait, pour moyennes ordinaires, considérées uniquement par rapport aux longueurs de route :

$$F = 2 \qquad q = 75 \qquad P = 8$$
$$FqP = 1200$$

Or, la moyenne exacte est. . . . 1650

Si donc on veut conserver à la fréquentation moyenne son expression ordinaire, en ayant seulement égard à la longueur de la route, il faudra, pour la qualité et le prix des matériaux, avoir égard aux quantités consommées et établir ainsi les moyennes :

$$F = \frac{f + f' + f''}{K},$$

$$q = \frac{f'q' + f''q'' + f'''q'''\ldots}{f' + f'' + f'''\ldots} \qquad P = \frac{f'q'p' + f''q''p'' + f'''q'''p'''\ldots}{f'q' + f''q'' + f'''q'''}.$$

Ainsi pour une route d'une certaine étendue, pour un arrondissement, pour un département, la valeur des moyennes de la qualité et du prix des matériaux ne peut se déduire que du budget de leur entretien normal. Ces observations sont essentielles lorsqu'il y a dans ces quantités d'assez grandes variations. A défaut de budget d'entretien normal, on peut obtenir assez exactement la moyenne du prix des matériaux en divisant la valeur de la fourniture d'une année par le cube fourni.

En divisant l'allocation de diverses routes, de divers départements, par le produit des nombres moyens FqP, on obtiendrait une caractéristique de cette allocation. Elle serait l'unité pour les points où elle serait suffisante, plus grande là où elle serait trop considérable, enfin une fraction là où elle serait trop faible.

Si on voulait descendre aux derniers détails d'une répartition et comprendre tous les cas, il faudrait peut-être ajouter à la formule

$$S = Fq\left(p + \frac{C}{N}\right)$$

une constante qui serait une fraction $mC$ du salaire des cantonniers :

elle exprimerait l'entretien d'une route non fréquentée, le maintien des terrassements, le curage des aqueducs, etc. Enfin, il faudrait faire varier le nombre N avec la fréquentation et la largeur de la route. C'est ce qu'il serait facile de faire. Mais nous croyons que c'est par la pratique seule qu'on peut arriver à cette dernière précision. Il y a des routes à mi-côte dont l'entretien des talus fait une grande partie de la tâche des cantonniers ; il y a des accotements sablonneux, des accotements en pente qui sont ravinés après tous les orages ; il y en a d'argileux dans lesquels le cantonnier a peine à s'engager avec sa brouette. Ce sont là autant de circonstances locales que les formules algébriques ne pourront jamais représenter ; il ne faut leur demander que ce qu'elles peuvent donner, les évaluations et les aperçus généraux. Nous croyons donc que ce serait inutilement les compliquer que de vouloir y faire entrer d'autres considérations que celles que nous avons admises.

---

## TABLEAU D'EXPÉRIENCES
### *Sur l'usure des routes.*

---

*Nota.* Le poids du mètre cube de détritus poussière a été trouvé de. . . . . . . . . . . . . . . . . . . . . . . . . . . 1 680 kil.

de boue humide. . . . . . 1 880

de matériaux. . . . . . . . 1 440

La première année on n'a pas tenu note des matériaux employés. Dans les expériences 1, 2, 3, 4, 5, 7, la route est entretenue en cailloux siliceux ; dans l'expérience 6, l'entretien est fait en calcaire.

Voir les tableaux page 84 et suivantes.

*Route royale n° 23 de Paris à Nantes.* — N° 1. De l'hectomètre 2 050 à 2 052 (fréquentation : 195 colliers).

**1re ANNÉE 1838-1839.**

| INDICATION des opérations faites. | DATES. | PRODUIT brut. | PRODUIT par jour. |
|---|---|---|---|
| | | mèt. | mèt. |
| Commencement de l'expérience. | 17 juillet. | » | » |
| 1. Balayage. | 14 août. | 2.60 | 0.093 |
| 2 Balayage. | 14 septembre. | 3.40 | 0.110 |
| 3 Raclage. | 17 novembre. | 1.05 | 0.016 |
| 4. Balayage. | 6 décembre. | 0 70 | 0.037 |
| 5. Raclage. | 9 janvier. | 0 75 | 0.022 |
| 6. Raclage. | 7 février. | 1.17 | 0 040 |
| 7. Balayage. | 27 février. | 0.50 | 0.025 |
| 8. Balayage. | 27 mars. | 1.13 | 0.040 |
| 9. Balayage. | 11 avril. | 2 50 | 0.166 |
| 10. Balayage. | 13 mai. | 2.50 | 0.078 |
| 11. Balayage. | 30 mai. | 2.12 | 0.125 |
| 12. Balayage. | 20 juin. | 2.00 | 0.095 |
| 13. Balayage. | 17 juillet. | 2.43 | 0.090 |
| Totaux | | 22 85 | 0.063 |

**2e ANNÉE 1839-1840.**

| INDICATION des opérations faites. | DATES. | PRODUIT brut. | PRODUIT par jour. | MATÉRIAUX employés. |
|---|---|---|---|---|
| | | mèt. | mèt. | mèt. |
| Commencement de l'expérience. | 17 juillet. | » | » | » |
| 1. Balayage. | 10 août. | 1.75 | 0.025 | » |
| 2. Balayage. | 26 août. | 1.50 | 0.025 | » |
| 3. Balayage. | 25 septembre. | 1.75 | 0.058 | » |
| 4. Balayage | 12 octobre. | 1.50 | 0.088 | » |
| 5. Raclage. | 28 octobre. | 0.70 | 0.044 | 2 |
| 6. Raclage. | 15 novembre. | 1.25 | 0.069 | 1 |
| 7. Balayage. | 8 décembre. | 0.62 | 0.027 | » |
| 8. Balayage. | 27 décembre. | 0.65 | 0.034 | » |
| 9. Raclage. | 10 janvier. | 1.00 | 0.071 | 2 |
| 10. Raclage. | 26 janvier. | 1.25 | 0.078 | » |
| 11. Raclage. | 12 février. | 1.00 | 0.059 | » |
| 12. Balayage. | 25 février. | 0 82 | 0.064 | » |
| 13. Balayage. | 10 mars. | 0.40 | 0.029 | » |
| 14. Balayage. | 25 mars. | 0 35 | 0.023 | » |
| 15. Balayage. | 16 avril. | 1.25 | 0.057 | » |
| 16. Balayage. | 8 mai. | 1.50 | 0.068 | » |
| 17. Balayage. | 24 mai. | 1.00 | 0 063 | » |
| 18. Balayage. | 10 juin. | 1.07 | 0.063 | » |
| 19. Balayage. | 25 juin. | 0.93 | 0.062 | » |
| 20. Balayage | 10 juillet. | 1.25 | 0.083 | » |
| 21. Balayage. | 17 juillet | 1.13 | 0.161 | » |
| Totaux | | 22.67 | 0 062 | 5 |

*Route royale n° 23 de Paris à Nantes.* — N° 2. De l'hectomètre 2 066 à 2 068 (fréquentation : 230 colliers).

### 1re ANNÉE 1838-1839.

| INDICATION des opérations faites. | DATES. | PRODUIT brut. | PRODUIT par jour. |
|---|---|---|---|
| | | mèt. | mèt. |
| Commencement de l'expérience. | 17 juillet. | » | » |
| 1. Balayage. | 14 août. | 3.37 | 0.120 |
| 2. Balayage. | 14 septembre. | 2.80 | 0.090 |
| 3. Raclage. | 6 novembre. | 0.95 | 0.018 |
| 4. Raclage. | 26 novembre. | 0.90 | 0.045 |
| 5. Raclage. | 27 décembre. | 0.62 | 0.020 |
| 6. Raclage. | 10 janvier. | 1.25 | 0.089 |
| 7. Raclage. | 2 février. | 3.00 | 0.130 |
| 8. Raclage. | 22 février. | 1.50 | 0.075 |
| 9. Balayage. | 26 mars. | 1.50 | 0.047 |
| 10. Balayage. | 8 avril. | 2.40 | 0.185 |
| 11. Balayage. | 2 mai. | 2.43 | 0.100 |
| 12. Balayage. | 25 mai. | 2.60 | 0.113 |
| 13. Balayage. | 11 juin. | 1.95 | 0.115 |
| 14. Balayage. | 17 juillet. | 2.63 | 0.073 |
| Totaux. | | 27.90 | 0.076 |

### 2e ANNÉE 1839-1840.

| INDICATION des opérations faites. | DATES. | PRODUIT brut. | PRODUIT par jour. | MATÉRIAUX employés. |
|---|---|---|---|---|
| | | mèt. | mèt. | mèt. |
| Commencement de l'expérience | 17 juillet. | » | » | » |
| 1. Balayage | 12 août. | 2.00 | 0.077 | » |
| 2. Balayage. | 26 août. | 1.75 | 0.125 | » |
| 3. Balayage. | 27 septembre. | 2.25 | 0.073 | » |
| 4. Balayage. | 10 octobre. | 1.65 | 0.127 | » |
| 5. Raclage. | 27 octobre. | 0.87 | 0.052 | 2 |
| 6. Balayage. | 8 novembre. | 1.12 | 0.093 | » |
| 7. Raclage. | 25 novembre. | 1.28 | 0.075 | 2 |
| 8. Balayage. | 4 décembre. | 0.85 | 0.094 | » |
| 9. Balayage. | 28 décembre. | 0.95 | 0.040 | » |
| 10. Raclage. | 12 janvier. | 0.88 | 0.059 | » |
| 11. Raclage. | 25 janvier. | 1.00 | 0.077 | 1 |
| 12. Raclage. | 10 février. | 0.75 | 0.047 | » |
| 13. Balayage. | 26 février. | 1.62 | 0.010 | » |
| 14. Balayage. | 14 mars. | 0.65 | 0.038 | » |
| 15. Balayage. | 28 mars. | 0.60 | 0.043 | » |
| 16. Balayage. | 18 avril. | 1.38 | 0.066 | » |
| 17. Balayage. | 12 mai. | 1.50 | 0.063 | » |
| 18. Balayage. | 25 mai. | 0.87 | 0.067 | » |
| 19. Balayage. | 12 juin. | 0.88 | 0.049 | » |
| 20. Balayage. | 27 juin. | 1.15 | 0.077 | » |
| 21. Balayage. | 12 juillet. | 1.50 | 0.100 | » |
| 22. Balayage. | 16 juillet. | 1.15 | 0.287 | » |
| Totaux. | | 26.65 | 0.073 | 5 |

*Route royale n° 23 de Paris à Nantes.* — N° 3. De l'hectomètre 2 104 à 2 106 (fréquentation : 230 colliers).

### 1re ANNÉE 1838-1839.

| INDICATION des opérations faites. | DATES. | PRODUIT brut. | PRODUIT par jour. |
|---|---|---|---|
| Commencement de l'expérience. | 17 juillet . . . | mèt. » | mèt. » |
| 1. Balayage. . | 14 août . . . | 2.88 | 0 103 |
| 2. Balayage. . | 14 septembre. | 2.35 | 0 076 |
| 3. Balayage. . | 9 octobre. . | 1.97 | 0.079 |
| 4. Raclage. | 7 novembre. | 1.53 | 0.053 |
| 5. Raclage. | 23 novembre. | 0 90 | 0 055 |
| 6. Raclage. | 17 décembre. | 1.02 | 0.038 |
| 7. Raclage | 3 janvier. . | 1 75 | 0.103 |
| 8. Raclage. | 6 février. . | 2 00 | 0 059 |
| 9. Raclage. | 25 février. . | 1.25 | 0 066 |
| 10. Balayage. | 8 mars. . | 1.50 | 0.136 |
| 11. Balayage. | 26 mars | 0 87 | 0.048 |
| 12. Balayage. | 8 avril. | 2.00 | 0.154 |
| 13. Balayage. | 30 avril | 1.12 | 0.051 |
| 14. Balayage. | 27 mai. | 1.50 | 0.056 |
| 15. Balayage | 20 juin. | 2.15 | 0 090 |
| 16. Balayage. | 17 juillet | 2.68 | 0 067 |
| Totaux | | 27.47 | 0.075 |

### 2e ANNÉE 1839-1840.

| INDICATION des opérations faites. | DATES. | PRODUIT brut. | PRODUIT par jour. | MATÉRIAUX employés. |
|---|---|---|---|---|
| Commencement de l'expérience. | 17 juillet . . . | mèt. » | mèt. » | mèt. » |
| 1. Balayage. . . . | 6 août. . . . | 1.80 | 0.090 | » |
| 2. Balayage. . . . | 26 août. . . . | 1.87 | 0.0 3 | » |
| 3. Balayage. . . . | 26 septembre. . | 2 62 | 0 085 | » |
| 4. Raclage. . . . . | 8 octobre. . . | 0.75 | 0.075 | » |
| 5. Raclage. . . . | 25 octobre. . . | 1 75 | 0.092 | 1.00 |
| 6. Balayage. . . . | 8 novembre. . | 0.75 | 0 054 | » |
| 7. Raclage. . . . | 23 novembre. . | 1.75 | 0.117 | 2.00 |
| 8. Balayage. . . . | 7 décembre. . | 0.80 | 0.057 | » |
| 9. Balayage. . . . | 27 décembre. . | 0.85 | 0 042 | » |
| 10. Raclage. . . . | 8 janvier. . . . | 0 82 | 0.068 | » |
| 11. Raclage. . . | 28 janvier . . . | 1.18 | 0 059 | 1.50 |
| 12. Raclage. . . . | 10 février. . . . | 0.50 | 0.038 | » |
| 13. Balayage. . . . | 26 février. . . . | 1.45 | 0.090 | » |
| 14. Balayage. . . . | 6 mars. . . . | 0.65 | 0 072 | » |
| 15. Balayage. . . . | 26 mars. . . . | 0 67 | 0 033 | » |
| 16. Balayage. . . . | 20 avril. . . . | 1.60 | 0.064 | » |
| 17. Balayage. . . . | 15 mai. . . . | 1.25 | 0.050 | » |
| 18. Balayage. . . . | 27 mai. . . . | 0.90 | 0.075 | » |
| 19. Balayage. . . . | 20 juin. . . . | 1.63 | 0.068 | » |
| 20. Balayage. . . . | 29 juin. . . . | 0.50 | 0 056 | » |
| 21. Balayage. . . . | 10 juillet. . . . | 1.37 | 0.125 | » |
| 22. Balayage. . . . | 16 juillet. . . . | 1.19 | 0.198 | » |
| Totaux | | 26.66 | 0.073 | 4.50 |

*Route royale n° 157 de Blois à Laval. — N° 4. (Fréquentation : 35 colliers).*

| 1re ANNÉE 1838-1839. | | | | 2e ANNÉE 1839-1840. | | | | |
|---|---|---|---|---|---|---|---|---|
| INDICATION des opérations faites. | DATES. | PRODUIT brut. | PRODUIT par jour. | INDICATION des opérations faites. | DATES. | PRODUIT brut. | PRODUIT par jour. | MATÉRIAUX employés. |
| | | mèt. | mèt. | | | mèt. | mèt. | mèt. |
| Commencement de l'expérience. | 23 juillet. | » | » | Commencement de l'expérience. | 23 juillet. | » | » | » |
| 1 Balayage | 4 août. | 1 45 | 0.121 | 1. Balayage. | 16 août. | 0.85 | 0.035 | » |
| 2 Balayage | 1er septembre. | 1.63 | 0 060 | 2 Balayage. | 30 août. | 0 60 | 0.043 | » |
| 3 Balayage | 6 octobre. | 1.12 | 0 032 | 3. Raclage. | 21 septembre. | 0.20 | 0 009 | » |
| 4 Raclage | 23 novembre. | 0.33 | 0.007 | 4. Raclage. | 11 octobre. | 0.12 | 0 006 | » |
| 5 Balayage | 21 décembre. | 0.88 | 0.031 | 5 Balayage. | 23 octobre. | 0 55 | 0.046 | » |
| 6. Raclage | 8 janvier. | 0.55 | 0.031 | 6. Balayage. | 8 novembre. | 0.10 | 0.006 | » |
| 7. Raclage | 22 janvier. | 0.42 | 0.030 | 7. Raclage. | 19 novembre. | 0.05 | 0.005 | » |
| 8. Raclage | 8 février. | 1 15 | 0.068 | 8. Raclage. | 20 décembre. | 0.30 | 0.001 | » |
| 9. Raclage | 18 février. | 1.10 | 0.110 | 9. Balayage. | 15 janvier. | 0.65 | 0.025 | 3 |
| 10. Balayage | 13 mars. | 0 80 | 0.035 | 10. Raclage. | 17 février. | 0.13 | 0.004 | » |
| 11 Balayage | 9 avril. | 0.72 | 0 027 | 11. Balayage. | 4 mars. | 1 05 | 0.066 | » |
| 12. Balayage | 30 avril. | 1 20 | 0.057 | 12. Balayage. | 3 avril. | 0.82 | 0.027 | » |
| 13. Balayage | 24 mai. | 1.02 | 0.042 | 13. Balayage. | 4 mai. | 1.18 | 0 038 | » |
| 14 Balayage | 19 juin. | 0.82 | 0.032 | 14. Balayage. | 29 mai. | 1.03 | 0 041 | » |
| 15 Balayage | 13 juillet. | 1 33 | 0 055 | 15. Balayage. | 18 juin. | 1 80 | 0.090 | » |
| 16. Balayage | 23 juillet. | 1.33 | 0.133 | 16. Balayage. | 17 juillet. | 0 55 | 0 018 | » |
| Totaux. | | 15.85 | 0 043 | Totaux. | | 9.98 | 0.0275 | 3 |

*Route départementale n° 4 de Château-du-Loir à Montoire — N° 5 ( Fréquentation : 70 colliers.)*

| 1re ANNÉE 1838-1839. | | | | 2e ANNÉE 1839-1840. | | | | |
|---|---|---|---|---|---|---|---|---|
| INDICATION des opérations faites. | DATES. | PRODUIT brut. | PRODUIT par jour. | INDICATION des opérations faites. | DATES. | PRODUIT brut. | PRODUIT par jour. | MATÉRIAUX employés |
| Commencement de l'expérience. | 23 juillet. | mèt. » | mèt. » | Commencement de l'expérience. | 23 juillet. | mèt. » | mèt. » | mèt. » |
| 1. Balayage. | 14 août. | 1.75 | 0.080 | 1. Balayage. | 15 août. | 1.25 | 0.054 | » |
| 2. Balayage. | 25 août. | 0.55 | 0.050 | 2. Balayage. | 30 août. | 1 62 | 0.108 | » |
| 3. Balayage. | 6 octobre. | 1 82 | 0.043 | 3. Raclage. | 20 septembre. | 0.05 | 0.002 | » |
| 4. Raclage. | 21 novembre. | 0.25 | 0.005 | 4. Raclage. | 8 octobre. | 0.20 | 0.011 | » |
| 5. Balayage. | 15 décembre. | 0 60 | 0.025 | 5. Balayage. | 28 octobre. | 0.68 | 0.034 | » |
| 6. Raclage. | 19 janvier. | 0.25 | 0 007 | 6. Raclage. | 18 novembre. | 0.22 | 0.011 | » |
| 7. Raclage. | 22 février. | 0.20 | 0.006 | 7. Raclage. | 20 décembre. | 0.10 | 0 003 | » |
| 8. Balayage. | 9 mars | 1.00 | 0.067 | 8. Balayage. | 30 janvier. | 0.15 | 0.004 | 4 |
| 9. Balayage. | 9 avril. | 1.10 | 0.036 | 9. Raclage. | 17 février. | 0 18 | 0 010 | » |
| 10. Balayage. | 22 avril. | 1.15 | 0.012 | 10. Balayage. | 14 mars. | 0.90 | 0.035 | » |
| 11. Balayage. | 18 mai. | 0.50 | 0.019 | 11. Balayage. | 15 avril. | 0.60 | 0 019 | 2 |
| 12. Balayage. | 1er juin. | 0.75 | 0.054 | 12. Balayage. | 12 mai. | 0.48 | 0.018 | » |
| 13. Balayage. | 17 juin. | 0.50 | 0 031 | 13. Balayage. | 1er juin. | 0.90 | 0.045 | » |
| 14. Balayage. | 15 juillet. | 0.92 | 0 033 | 14. Balayage. | 13 juillet. | 0.50 | 0.012 | » |
| 15. Balayage. | 23 juillet. | 0 43 | 0.061 | 15. Balayage. | 22 juillet. | 0.40 | 0.044 | » |
| Totaux. | | 11.77 | 0.032 | Totaux. | | 8.23 | 0.023 | 6 |

*Route départementale n° 6 de la Ferté-Bernard à Tours. — N° 6.* (Fréquentation : 30 colliers.)

## 1ʳᵉ ANNÉE 1838-1839.

| INDICATION des opérations faites. | DATES. | PRODUIT brut. | PRODUIT par jour. |
|---|---|---|---|
| Commencement de l'expérience. | 24 juillet.... | mèt. » | mèt. » |
| 1. Balayage.... | 14 août.... | 0.50 | 0.045 |
| 2. Balayage.... | 13 août.... | 0.70 | 0.078 |
| 3. Balayage.... | 17 septembre. | 0.68 | 0.020 |
| 4. Balayage.... | 11 octobre. | 0.35 | 0.015 |
| 5. Balayage.... | 20 décembre. | 0.25 | 0.004 |
| 6. Raclage. | 15 janvier.... | 0.22 | 0.008 |
| 7. Raclage. | 22 février.... | 0.20 | 0.005 |
| 8. Balayage.... | 11 mars. | 0.30 | 0.018 |
| 9. Balayage.... | 11 avril | 0.20 | 0.006 |
| 10. Balayage.... | 11 mai. | 0.57 | 0.019 |
| 11. Balayage.... | 14 juin. | 0.25 | 0.007 |
| 12. Balayage.... | 13 juillet. | 0.35 | 0.012 |
| 13. Balayage.... | 24 juillet. | 0.25 | 0.023 |
| Totaux........ | | 4.82 | 0.013 |

## 2ᵉ ANNÉE 1839-1840.

| INDICATION des opérations faites. | DATES. | PRODUIT brut. | PRODUIT par jour. | MATÉRIAUX employés. |
|---|---|---|---|---|
| Commencement de l'expérience. | 23 juillet.... | mèt. » | mèt. » | mèt. » |
| 1. Balayage.... | 10 août. | 0.45 | 0.025 | » |
| 2. Balayage.... | 17 octobre. | 0.20 | 0.003 | » |
| 3. Raclage. | 15 novembre. | 0.12 | 0.004 | » |
| 4. Raclage. | 20 décembre. | 0.08 | 0.002 | » |
| 5. Balayage.... | 14 janvier.... | 0.42 | 0.014 | 2 |
| 6. Raclage. | 19 février.... | 0.07 | 0.002 | » |
| 7. Raclage. | 19 mars. | 0.22 | 0.008 | » |
| 8. Balayage.... | 18 avril.... | 0.23 | 0.008 | » |
| 9. Balayage.... | 20 mai. | 0.17 | 0.003 | » |
| 10. Balayage.... | 19 juin.... | 0.18 | 0.006 | » |
| 11. Balayage | 18 juillet. | 0.38 | 0.013 | » |
| Totaux........ | | 2.52 | 0.007 | 2 |

*Route départementale n° 6 de la Ferté-Bernard à Tours. — N° 7. (Fréquentation : 3o colliers.)*



1ʳᵉ ANNÉE 1838-1839.      2ᵉ ANNÉE 1839-1840.

| INDICATION des opérations faites. | DATES. | PRODUIT brut. | PRODUIT par jour. | INDICATION des opérations faites. | DATES. | PRODUIT brut. | PRODUIT par jour. | MATÉRIAUX employés. |
|---|---|---|---|---|---|---|---|---|
| | | mèt. | mèt. | | | mèt. | mèt. | mèt. |
| Commencement de l'expérience. | 23 juillet. | » | » | Commencement de l'expérience. | 23 juillet. | » | » | » |
| 1. Balayage. | 14 août. | 0.95 | 0.043 | 1. Balayage. | 3o août. | 0.45 | 0.012 | » |
| 2. Balayage. | 12 septembre. | 0.37 | 0.013 | 2. Balayage. | 14 septembre. | 0.40 | 0.027 | » |
| 3. Raclage. | 14 novembre. | 0.25 | 0.001 | 3. Balayage. | 18 octobre. | 0.38 | 0.011 | » |
| 4. Balayage. | 19 décembre. | 0.18 | 0.005 | 4. Raclage. | 15 novembre. | 0.25 | 0.009 | » |
| 5. Raclage. | 16 janvier. | 0.30 | 0.011 | 5. Raclage. | 18 décembre. | 0.22 | 0.007 | » |
| 6. Raclage. | 19 février. | 0.25 | 0.007 | 6. Balayage. | 9 janvier. | 0.20 | 0.009 | 1.3o |
| 7. Balayage. | 12 mars. | 0.45 | 0.021 | 7. Raclage. | 14 février. | 0.08 | 0.002 | » |
| 8. Balayage. | 19 avril. | 0.38 | 0.010 | 8. Balayage. | 17 mars. | 0.25 | 0.008 | » |
| 9. Balayage. | 15 mai. | 0.15 | 0.006 | 9. Balayage. | 14 avril. | 0.30 | 0.011 | » |
| 10. Balayage. | 12 juin. | 0.17 | 0.006 | 10. Balayage. | 15 mai. | 0.15 | 0.005 | » |
| 11. Balayage. | 12 juillet. | 0.30 | 0.010 | 11. Balayage. | 12 juin. | 0.45 | 0.016 | » |
| 12. Balayage. | 23 juillet. | 0.85 | 0.077 | 12. Balayage. | 18 juillet. | 0.22 | 0.061 | » |
| Totaux. | | 4.6o | 0.013 | Totaux. | | 3.35 | 0.009 | 1.3o |

FIN.